Mathematische Grundlagen des überwachten maschinellen Lernens

Konrad Engel

Mathematische Grundlagen des überwachten maschinellen Lernens

Optimierungstheoretische Methoden

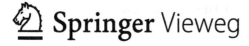 Springer Vieweg

Konrad Engel
Institut für Mathematik
Universität Rostock
Rostock, Deutschland

ISBN 978-3-662-68133-6   ISBN 978-3-662-68134-3   (eBook)
https://doi.org/10.1007/978-3-662-68134-3

Die Deutsche Nationalbibliothek verzeichnet diese Publikation in der Deutschen Nationalbibliografie;
detaillierte bibliografische Daten sind im Internet über http://portal.dnb.de abrufbar.

Planung/Lektorat: Iris Ruhmann
Springer Vieweg ist ein Imprint der eingetragenen Gesellschaft Springer-Verlag GmbH, DE und ist ein
Teil von Springer Nature.
Die Anschrift der Gesellschaft ist: Heidelberger Platz 3, 14197 Berlin, Germany

Das Papier dieses Produkts ist recycelbar.

Vorwort

Im täglichen Leben ist es für uns mittlerweile fast selbstverständlich geworden, dass wir mit Computern sprechen und Computer mit der Hand geschriebene Mitteilungen verarbeiten können. Das ist das Ergebnis von sehr umfangreichen Entwicklungen, sowohl auf theoretischer als auch auf technologischer Ebene. Dieses Buch soll einen ersten Einblick in einen Teil der dahinterstehenden Mathematik geben. Aufgrund des beschränkten Buchumfangs wollen wir uns hierbei auf optimierungstheoretische Methoden konzentrieren, was dann in der Anwendung aber nur die Erkennung einzelner gesprochener Wörter, wie z. B. „Nein" und „Ja", oder die Erkennung handgeschriebener Einzelzeichen, wie z. B. der Ziffern 0–9, ermöglicht. Andere Anwendungsszenarien sind das automatische Erkennen von Krankheiten aus erhobenen und gemessenen Patientendaten oder die Einordnung von Handlungen aus gemessenen Bewegungsprofilen.

Das Buch ist aus einer Vorlesung über zwei Semesterwochenstunden entstanden, mit der ich vor etwa 20 Jahren begonnen und dann einen eigenen Stil, z. B. hinsichtlich der Darstellung der neuronalen Netze, entwickelt habe. Dadurch ist im Laufe der Zeit viel Literatur eingeflossen. Im Literaturverzeichnis beschränke ich mich aber nur auf einige vorrangig verwendete Bücher, wie [2, 5, 7, 9, 13]. Eine ausführlichere Auflistung sowohl der älteren als auch der aktuellen Literatur ist vor allem in den Werken [1, 9] enthalten. Eng verwandte Bücher sind [4, 15, 18]. In [18] steht die Stochastik im Vordergrund und in [4, 15] werden Anwendungsaspekte umfangreicher beleuchtet.

Das Buch ist als Vorlage für eine Vorlesung geeignet. Es bietet sich aber an, diese mit einem Praktikum zu kombinieren, in dem Algorithmen selbst zu programmieren oder Anwendungsaufgaben mithilfe von weit verbreiteter Software, wie z. B. Matlab, TensorFlow, Scikit-Learn, PyTorch und Keras, zu lösen sind.

Für die Hinweise bei der Durchsicht des Buches möchte ich Roger Labahn, Thomas Kalinowski, Matthias Schymura und Tobias Strauß herzlich danken. Ein besonderer Dank geht an Nikoo Azarm von Springer Nature, die dieses Buch initiiert und engagiert begleitet hat.

Rostock   Konrad Engel
Juli 2023

Über das Buch

Dieses Buch hat die gängigsten Methoden zur Klassifikation von Objekten, die eine Menge von schon klassifizierten Objekten zum Lernen verwenden, aus mathematischer Sicht zum Inhalt. Die Objekte müssen hierbei in digitalisierter Form vorliegen, d. h. jedem Objekt ist ein Tupel aus Zahlen zugeordnet, das als Punkt im Euklidischen Raum passender Dimension angesehen werden kann. Die Lernmenge ist somit eine endliche Menge von Punkten, von denen die entsprechende Klasse bekannt ist. Eine Reduktion der Dimension sowie elementare und anspruchsvollere Methoden zur Ermittlung schnell berechenbarer Funktionen, mit denen man aus einem Punkt die zugehörige Klasse mit einer möglichst geringen Fehlerrate ableiten kann, werden in einer einheitlichen Herangehensweise behandelt. Das Hauptaugenmerk wird hierbei auf eine in sich geschlossene Darstellung, Beweise der Sätze sowie Herleitungen der Verfahren gelegt. Es werden nur die mathematischen Grundlagen, die üblicherweise weise Gegenstand eines Grundkurses Mathematik für Informatik sind, sowie einige bekannte Aussagen der Linearen Algebra herangezogen. Die recht elementaren Beweise werden im Wesentlichen mit Mitteln der Linearen Algebra geführt, nur für die neuronalen Netze wird etwas Analysis benötigt.

Inhaltsverzeichnis

Über den Autor

Prof. Dr. Konrad Engel studierte Mathematik an der Universität Rostock, wo er auch promovierte und sich habilitierte. Er arbeitete zwei Jahre als Dozent an der Technischen Universität Algier und von 1992 bis zu seinem Ruhestand im Jahr 2022 als Professor für Mathematische Optimierung an der Universität Rostock. Neben den Vorlesungen aus diesem Bereich – einschließlich des Maschinellen Lernens – hielt er über drei Jahrzehnte die Vorlesungen Mathematik für Informatik. Seine Forschungsschwerpunkte sind in der Diskreten Mathematik und Kombinatorik angesiedelt, umfassen aber auch Anwendungen der Mathematischen Optimierung und Polyedertheorie in Medizin, Biologie und Physik. Ein besonderes Anliegen ist ihm die Förderung mathematisch talentierter Schülerinnen und Schüler, so hat er die Mathematik-Olympiade in Deutschland über viele Jahre als Vorstands- und Gründungsmitglied des tragenden Vereins sowie als Vorsitzender des Aufgabenausschusses umfangreich unterstützt.

Institut für Mathematik, Universität Rostock, 18051 Rostock, Deutschland
konrad.engel@uni-rostock.de

Einführung

1.1 Das Klassifikationsproblem

Wir haben es mit Objekten zu tun, die nach gewissen Kriterien klassifiziert werden sollen. Damit dies möglich ist, müssen diese Objekte zunächst erst einmal in digitalisierter Form vorliegen. So ist z. B. nach der elektronischen Erfassung jedes Bild durch seine Pixelwerte oder jedes gesprochene Wort durch eine zeitliche Folge von gemessenen Luftverdichtungen und -verdünnungen gegeben. Wir können also davon ausgehen, dass jedem Objekt ein n-Tupel von Zahlen zugeordnet ist – das können sowohl endliche Dezimalzahlen als auch nur die Zahlen 0 und 1 sein. Wir fassen diese Zahlen hier aber einfach als reelle Zahlen auf, sodass also die digitalisierte Form eines beliebigen Objektes ein n-Tupel reeller Zahlen ist. Für jede konkrete Anwendungssituation wollen wir hier n als fest vorgegeben betrachten. Ein solches n-Tupel wird *Merkmalsvektor* des Objektes genannt, wir können es aber auch als Punkt im $\mathbb{R}^n$ interpretieren. Häufig ist das n sehr groß, z. B. wenn man mit den Pixelwerten eines Bildes arbeitet. Das ist problematisch, denn dies kann für die Klassifikationsverfahren zu inakzeptablem Zeitaufwand führen und zufällige Störungen nicht ausreichend abfedern. Wir widmen der Reduktion dieses Wertes n, ohne dabei zu viel Information zu verlieren, ein eigenes Kapitel.

Wir setzen voraus, dass in jedem Anwendungskreis die Klassen fest vorgegeben sind, z. B. könnte die Klasse K_0 für das Wort „Nein" und die Klasse K_1 für das Wort „Ja" stehen bzw. die Klasse K_i für die handgeschriebene Ziffer i mit $i = 0, 1, \ldots, 9$.

Die Aufgabe besteht nun darin, aus dem Merkmalsvektor eines Objektes auf die Klasse zu schließen, zu der das Objekt gehört. Das ist nicht trivial, da sich die Merkmalsvektoren der Objekte einer Klasse zum Teil erheblich voneinander unterscheiden können, z. B. kann das „Ja" tief oder hoch, gehaucht oder bestimmt ausgesprochen worden sein.

Beim überwachten Lernen steht nun immer eine ausreichend große Menge von Merkmalsvektoren zur Verfügung, für die die Klassenzuordnung bekannt ist. Zum

K. Engel, *Mathematische Grundlagen des überwachten maschinellen Lernens*, https://doi.org/10.1007/978-3-662-68134-3_1

Beispiel können Angestellte einer Firma Objekte „per Hand" klassifiziert haben. Für jede Klasse K_i hat man also eine Punktmenge $P_i \subseteq \mathbb{R}^n$ gegeben, $i = 1, \ldots, m$. Die Vereinigung P dieser Punktmengen heißt dann *Menge der Lerndaten*. Es kann durchaus passieren, dass sich Merkmalsvektoren wiederholen, d. h., dass verschiedene Objekte den gleichen Merkmalsvektor haben. Deswegen wollen wir im gesamten Buch Mengen stets als *Multimengen* auffassen, d. h., die Elemente treten mit einer ihnen zugeordneten Häufigkeit auf und sie werden dann entsprechend oft aufgelistet. Deswegen handelt es sich eigentlich um Listen bzw. Tupel von Merkmalsvektoren. Da – abgesehen von einem sinnvollen Mischen bei einigen Verfahren – die Reihenfolge der Lerndaten egal ist, wollen wir aber bei der Bezeichnung *Menge* bleiben und im Hinterkopf behalten, dass es sich um Multimengen handelt. Die Vereinigung bezeichnen wir mit $P = P_1 \uplus \cdots \uplus P_m$ und meinen damit, dass die Häufigkeiten der Elemente dann einfach addiert werden. Fasst man $P_1, \ldots, P_m$ als Listen auf, bedeutet $P = P_1 \uplus \cdots \uplus P_m$ also einfach das Aneinanderfügen dieser Listen.

Die Verfahren, die wir hier *Klassifikatoren* nennen, werden so entwickelt, dass Kriterien bereitgestellt werden, die es einem „unwissenden" Anwender ermöglichen, aus einem $\mathbf{x} \in P$ auf die zugehörige Klasse zu schließen, also dasjenige $i \in \{1, \ldots, m\}$ zu finden, für das $\mathbf{x} \in P_i$ gilt. Im Allgemeinen wird es hier Fehler geben. Deren relative Anzahl gemessen auf die Anzahl der verwendeten Daten insgesamt soll aber klein gehalten werden. Diese relative Anzahl von Fehlern wird *Fehlerrate* genannt. Die eigentliche Herausforderung besteht darin, dass die Klassifizierung auch für Merkmalsvektoren gut funktioniert, die nicht in der Lerndatenmenge enthalten sind. Deswegen verwendet man immer auch noch eine *Menge von Testdaten*, für die ebenfalls die Klassenzugehörigkeit bekannt ist, die aber für das Lernen nicht verwendet werden. Eine möglichst kleine Fehlerrate bei den Testdaten ist das eigentliche Ziel. In den Verfahren gibt es meist einige vom Anwender einzustellende Parameter. Diese müssen dann experimentell mittels geeigneter Suchverfahren so optimiert werden, dass die Fehlerrate bei den Testdaten klein wird. Die Einteilung in Lern- und Testdaten kann mehrfach zufällig durchgeführt werden. Es sollen dann die mittleren Fehlerraten bei den Testdaten minimiert werden.

Ist die Lerndatenmenge recht klein, so kann es hilfreich sein, abgewandelte Lerndatensätze zu produzieren. Ein wichtiges Beispiel ist das *Bagging* (Bootstrap Aggregating). Hat man einen Datensatz aus p Lerndaten, so bildet man durch (zufälliges) Ziehen mit Zurücklegen aus diesem Lerndatensatz einen neuen Datensatz aus ebenfalls p Lerndaten. Im neuen Datensatz fehlen also einige Lerndaten des ursprünglichen Datensatzes und andere kommen mehrfach vor. Nacheinander produziert man auf diese Weise mehrere Lerndatensätze. Die Verfahren werden nacheinander auf alle diese Datensätze angewandt, was jedes Mal zu einem eigenen Zuordnungskriterium führt. Es können hierbei sogar unterschiedliche Verfahren verwendet werden. Die endgültige Zuordnung wird dann im Sinne einer Mehrheitsentscheidung festgelegt.

In diesem Buch konzentrieren wir uns aber auf die Arbeit mit einer festen Lerndatenmenge. Wir entwickeln hierbei die Verfahren nacheinander aufbauend. Je „schlechter" die Lerndatenmenge ist, desto „anspruchsvoller" muss das Verfahren sein. Implizit oder explizit soll immer eine Zielfunktion optimiert werden. Um das Buch einem breiten mathematisch interessierten Leserkreis zugänglich zu machen, verzichten wir hierbei auf die Verwendung der allgemeinen Theorie der Mathematischen Optimierung, sondern greifen im Wesentlichen nur auf Mittel der Linearen Algebra zurück. Die entscheidenden Werkzeuge aus der Analysis sind der Gradient und die Kettenregel.

1.2 Grundlagen aus der Linearen Algebra

In diesem Abschnitt erinnern wir an wichtige Ergebnisse der Linearen Algebra und führen die von uns genutzten Bezeichnungen ein. Da es sich hierbei im Wesentlichen um Stoff aus den Mathematik-Grundkursen handelt bzw. der Stoff in Büchern zur Linearen Algebra nachgelesen werden kann (siehe z. B. [10]), verzichten wir hier auf Beweise.

Wir arbeiten generell mit der Menge

$$\mathbb{R}^n := \left\{ \mathbf{x} = \begin{pmatrix} x_1 \\ \vdots \\ x_n \end{pmatrix} : x_1, \dots, x_n \in \mathbb{R} \right\},$$

wobei n eine natürliche Zahl größer als null ist. Die Elemente $\mathbf{x}$ von $\mathbb{R}^n$ nennen wir in Abhängigkeit von der Situation *Punkte* bzw. *Vektoren*. Insbesondere werden die Einträge von Vektoren untereinander geschrieben, wir arbeiten also mit *Spaltenvektoren*. Im Text ist es besser, die Einträge nebeneinander zu schreiben. Deshalb nutzen wir *Zeilenvektoren*, die sich durch *Transposition* ergeben, wir haben also $\mathbf{x}^{\mathsf{T}} := (x_1, \dots, x_n)$ sowie $(x_1, \dots, x_n)^{\mathsf{T}} := \mathbf{x}$. Für $\mathbf{x}, \mathbf{y} \in \mathbb{R}^n$ gilt $\mathbf{x} = \mathbf{y}$ genau dann, wenn $x_i = y_i$ für alle $i \in [n]$ ist. Hierbei ist $[n] := \{1, \dots, n\}$. Außerdem ist $\mathbf{x} \leq \mathbf{y}$ (bzw. $\mathbf{x} \geq \mathbf{y}$) nach Definition genau dann, wenn $x_i \leq y_i$ (bzw. $x_i \geq y_i$) für alle $i \in [n]$ gilt.

Die *Addition von Vektoren* sowie die *Multiplikation eines Vektors mit einer reellen Zahl* sind gegeben durch $\mathbf{x} + \mathbf{y} := (x_1 + y_1, \dots, x_n + y_n)^{\mathsf{T}}$ bzw. $\lambda \mathbf{x} := (\lambda x_1, \dots, \lambda x_n)^{\mathsf{T}}$.

Wir setzen hier die Regeln für das Rechnen mit Vektoren und Matrizen sowie die Vektorraumaxiome voraus, heben aber hervor:

Satz 1.1 *Die Menge $\mathbb{R}^n$ bildet gemeinsam mit der Addition und der Multiplikation mit einer reellen Zahl einen n-dimensionalen Vektorraum.*

Der *Nullvektor* und der *Einsvektor* sind gegeben durch $\mathbf{0} := (0, \dots, 0)^{\mathsf{T}}$ bzw. $\mathbf{1} := (1, \dots, 1)^{\mathsf{T}}$, wobei sich die Dimensionen aus dem Kontext ergeben. Der i-te *Einheitsvektor* $\mathbf{e}_i$, $i \in [n]$, entsteht aus dem Nullvektor, indem an der i-ten Stelle die Null durch eine Eins ersetzt wird. Wir erinnern daran, dass k Vektoren $\mathbf{a}_1, \dots, \mathbf{a}_k$ *linear unabhängig sind*, falls aus $\lambda_1 \mathbf{a}_1 + \dots + \lambda_k \mathbf{a}_k = \mathbf{0}$ zwingend $\lambda_1 = \dots = \lambda_k = 0$ folgt, falls also nur die triviale *Linearkombination* der gegebenen k Vektoren den

Nullvektor ergibt. Zum Beispiel sind offenbar die n Vektoren $\mathbf{e}_1, \ldots, \mathbf{e}_n$ linear unabhängig. Jede Menge von n linear unabhängigen Vektoren aus $\mathbb{R}^n$ heißt *Basis des* $\mathbb{R}^n$.

Satz 1.2 *Es sei $B = \{\mathbf{b}_1, \ldots, \mathbf{b}_n\}$ eine Basis des $\mathbb{R}^n$. Für jeden Vektor $\mathbf{x}$ des $\mathbb{R}^n$ gibt es genau eine Darstellung $\mathbf{x} = \lambda_1 \mathbf{b}_1 + \cdots + \lambda_n \mathbf{b}_n$ als Linearkombination der Basisvektoren mit $\lambda_1, \ldots, \lambda_n \in \mathbb{R}$.*

Offensichtlich kann man die Koeffizienten $\lambda_1, \ldots, \lambda_n$ in dieser Darstellung durch Lösung eines linearen Gleichungssystems mit n Gleichungen und n Unbekannten, also z. B. mit dem Gauß-Algorithmus, erhalten.

Eine Teilmenge U des $\mathbb{R}^n$ bildet einen *Teilvektorraum des $\mathbb{R}^n$*, falls U gemeinsam mit der Addition und der Multiplikation mit einer reellen Zahl einen Vektorraum bildet. Dafür gibt es das folgende Kriterium:

Satz 1.3 *Die Menge $U \subseteq \mathbb{R}^n$ bildet genau dann einen Teilvektorraum des $\mathbb{R}^n$, wenn $U \neq \emptyset$ ist und für alle $\mathbf{x}, \mathbf{y} \in U$ und für alle $\lambda \in \mathbb{R}$ auch $\mathbf{x} + \mathbf{y} \in U$ sowie $\lambda \mathbf{x} \in U$ gelten.*

Die größte Anzahl von linear unabhängigen Vektoren aus U heißt *Dimension von U* und wird mit $\dim(U)$ bezeichnet. Jede Menge von $\dim(U)$ linear unabhängigen Vektoren aus U heißt *Basis von U*. Der Satz 1.2 gilt dann analog.

Wir werden häufig mit affinen Teilräumen arbeiten. Eine Teilmenge T von $\mathbb{R}^n$ heißt *k-dimensionaler affiner Teilraum des $\mathbb{R}^n$*, falls es einen Punkt $\mathbf{a} \in \mathbb{R}^n$ und einen k-dimensionalen Teilvektorraum U des $\mathbb{R}^n$ so gibt, dass $T = \mathbf{a} + U := \{\mathbf{a} + \mathbf{u} : \mathbf{u} \in U\}$ gilt. Man beachte, dass $\mathbf{a}_1 + U = \mathbf{a}_2 + U$ genau dann gilt, wenn $\mathbf{a}_2 - \mathbf{a}_1 \in U$ ist. In $T = \mathbf{a} + U$ ist also der Punkt $\mathbf{a}$ nicht eindeutig festgelegt. Hat man ihn aber fixiert und eine Basis $\{\mathbf{b}_1, \ldots, \mathbf{b}_k\}$ von U gewählt, so hat man ein *Koordinatensystem* $S = (\mathbf{a}; \mathbf{b}_1, \ldots, \mathbf{b}_k)$ des affinen Teilraums T. Natürlich kann man den $\mathbb{R}^n$ selbst auch als affinen Teilraum auffassen. In dieser Interpretation nennt man die Elemente des $\mathbb{R}^n$ *Punkte*, während in der Interpretation des $\mathbb{R}^n$ als Vektorraum die Elemente *Vektoren* genannt werden.

Für eine endliche Menge $M = \{\mathbf{a}_1, \ldots, \mathbf{a}_k\}$ von Vektoren sei $\langle M \rangle$ die Menge aller Linearkombinationen der Elemente von M, also

$$\langle M \rangle := \{\lambda_1 \mathbf{a}_1 + \cdots + \lambda_k \mathbf{a}_k : \lambda_1, \ldots, \lambda_k \in \mathbb{R}\}.$$

Diese neue Menge heißt *lineare Hülle* von M. Aus Satz 1.3 ergibt sich sofort, dass $\langle M \rangle$ einen Teilvektorraum bildet.

Für $(m \times n)$-Matrizen

$$A = \begin{pmatrix} a_{11} & \dots & a_{1n} \\ & \vdots & \\ a_{m1} & \dots & a_{mn} \end{pmatrix}$$

bezeichnen wir die *Spalten* mit $\mathbf{A}_j$, d. h., wir haben $\mathbf{A}_j := (a_{1j}, \dots, a_{mj})^{\mathsf{T}}$, $j \in [n]$, und die als Spalten geschriebenen *Zeilen* mit $\mathbf{a}_i$, d. h., wir haben $\mathbf{a}_i := (a_{i1}, \dots, a_{in})^{\mathsf{T}}$, $i \in [m]$.

Der *Spaltenraum* $S(A)$ *sowie der Zeilenraum* $Z(A)$ *der Matrix* A ist die lineare Hülle der Spalten bzw. der Zeilen von A. Der *Kern der Matrix* A, bezeichnet durch $\ker(A)$, wird definiert als Lösungsmenge des homogenen linearen Gleichungssystems $A\mathbf{x} = \mathbf{0}$, also durch $\ker(A) := \{\mathbf{x} \in \mathbb{R}^n : A\mathbf{x} = \mathbf{0}\}$.

Einen *Minor der Ordnung* k der Matrix A erhält man, indem man k Zeilen sowie k Spalten von A wählt und dann diejenige Matrix bildet, deren Einträge gerade die Einträge von A sind, die sowohl in den ausgewählten Zeilen als auch in den ausgewählten Spalten liegen. Der *Rang einer Matrix* A wird definiert als größte Ordnung eines Minors von A, dessen Determinante ungleich 0 ist. Die Bezeichnung ist $\mathrm{rg}(A)$. Wir erinnern daran, dass man den Rang mithilfe des Gauß-Algorithmus bestimmen kann.

Satz 1.4 *Der Spaltenraum und der Zeilenraum einer $(m \times n)$-Matrix A bilden je einen $\mathrm{rg}(A)$-dimensionalen Teilvektorraum des $\mathbb{R}^m$ bzw. des $\mathbb{R}^n$ und der Kern von A bildet einen $(n - \mathrm{rg}(A))$-dimensionalen Teilvektorraum des $\mathbb{R}^n$.*

Die Matrix $(A|\mathbf{b})$ entstehe aus der Matrix A, indem auf der rechten Seite noch die Spalte $\mathbf{b}$ hinzugefügt wird. Ein wesentlicher Satz über lineare Gleichungssysteme, den man ebenfalls mithilfe des Gauß-Algorithmus herleiten kann, ist der folgende.

Satz 1.5

a) *Gilt $\mathrm{rg}(A) < \mathrm{rg}(A|\mathbf{b})$, so hat das lineare Gleichungssystem $A\mathbf{x} = \mathbf{b}$ keine Lösung.*

b) *Gilt $\mathrm{rg}(A) = \mathrm{rg}(A|\mathbf{b})$, so ist die Lösungsmenge des linearen Gleichungssystems $A\mathbf{x} = \mathbf{b}$ ein $(n - \mathrm{rg}(A))$-dimensionaler affiner Teilraum, der die Form $T = \mathbf{x}_0 + \ker(A)$ hat, wobei $\mathbf{x}_0$ eine beliebige spezielle Lösung des Gleichungssystems ist.*

Im Zusammenhang mit linearen Gleichungssystemen nennt man A *Koeffizientenmatrix* und $(A|\mathbf{b})$ *erweiterte Koeffizientenmatrix*.

Der $\mathbb{R}^n$ wird zu einem *Euklidischen Vektorraum,* wenn zusätzlich noch ein Skalarprodukt gegeben ist. Im $\mathbb{R}^n$ hat jedes *Skalarprodukt* die Form

$$\mathbf{x} \cdot \mathbf{y} := \mathbf{x}^{\mathsf{T}} C \mathbf{y}$$

mit einer *symmetrischen* und *positiv definiten* $(n \times n)$-*Matrix* C, d. h., es gilt $C = C^{\mathsf{T}}$
sowie $\mathbf{x}^{\mathsf{T}} C \mathbf{x} > 0$ für alle $\mathbf{x} \in \mathbb{R}^n \setminus \{\mathbf{0}\}$. Man beachte, dass für alle $\mathbf{x}, \mathbf{y}, \mathbf{z} \in \mathbb{R}^n$ und
für alle $\lambda, \mu \in \mathbb{R}$

$$\mathbf{x} \cdot \mathbf{y} = \mathbf{y} \cdot \mathbf{x} \text{ und } (\lambda \mathbf{x} + \mu \mathbf{y}) \cdot \mathbf{z} = \lambda (\mathbf{x} \cdot \mathbf{z}) + \mu (\mathbf{y} \cdot \mathbf{z}) \tag{1.1}$$

gilt.

Die *Einheitsmatrix* (passender Dimension) bezeichnen wir mit E. Im Fall $C = E$
sprechen wir vom *Standardskalarprodukt,* haben also $\mathbf{x} \cdot \mathbf{y} = \mathbf{x}^{\mathsf{T}} \mathbf{y}$. Wenn wir nicht aus-
drücklich etwas Anderes sagen, arbeiten wir immer mit dem Standardskalarprodukt
und nutzen sowohl die Bezeichnung $\mathbf{x} \cdot \mathbf{y}$ (wenn das Skalarprodukt im Vordergrund
steht) als auch die Bezeichnung $\mathbf{x}^{\mathsf{T}} \mathbf{y}$ (wenn die Rechenvorschrift im Vordergrund
steht). Die zu einem Skalarprodukt gehörende *Norm eines Vektors* $\mathbf{x}$ ist gegeben
durch $\|\mathbf{x}\| := \sqrt{\mathbf{x} \cdot \mathbf{x}}$. Man beachte, dass die Norm immer nichtnegativ und nur für
den Nullvektor gleich 0 ist. Zwei Vektoren $\mathbf{x}$ und $\mathbf{y}$ heißen *orthogonal,* bezeichnet
mit $\mathbf{x} \perp \mathbf{y}$, falls $\mathbf{x} \cdot \mathbf{y} = 0$ gilt. Ein Vektor $\mathbf{x}$ heißt *normiert,* wenn $\|\mathbf{x}\| = 1$ gilt. In
Verallgemeinerung des Satzes des Pythagoras gilt

$$\|\mathbf{x} + \mathbf{y}\|^2 = \|\mathbf{x}\|^2 + \|\mathbf{y}\|^2 \text{, falls } \mathbf{x} \perp \mathbf{y}\,, \tag{1.2}$$

denn unter Beachtung von (1.1) erhält man $(\mathbf{x} + \mathbf{y}) \cdot (\mathbf{x} + \mathbf{y}) = \mathbf{x} \cdot \mathbf{x} + 2\mathbf{x} \cdot \mathbf{y} + \mathbf{y} \cdot \mathbf{y} =$
$\mathbf{x} \cdot \mathbf{x} + \mathbf{y} \cdot \mathbf{y}$. Außerdem gilt die *Cauchy-Schwarz'sche Ungleichung*

$$|\mathbf{x} \cdot \mathbf{y}| \leq \|\mathbf{x}\| \|\mathbf{y}\| \quad \forall \mathbf{x}, \mathbf{y} \in \mathbb{R}^n\,, \tag{1.3}$$

die für $\mathbf{x} = \mathbf{0}$ trivial ist und ansonsten aus (1.1) sowie der Ungleichung $(\mathbf{x} + \lambda \mathbf{y}) \cdot$
$(\mathbf{x} + \lambda \mathbf{y}) \geq 0$ mit $\lambda = -(\mathbf{x} \cdot \mathbf{y})/(\mathbf{x} \cdot \mathbf{x})$ folgt.

Eine Menge A von Vektoren heißt *orthogonal* zu einer anderen Menge B von
Vektoren, bezeichnet mit $A \perp B$, wenn jeder Vektor aus A orthogonal zu jedem
Vektor aus B ist.

Satz 1.6 *Es sei A eine beliebige $(m \times n)$-Matrix. Es gilt $Z(A) \perp \ker(A)$ und
jeder Vektor $\mathbf{x} \in \mathbb{R}^n$ lässt sich in eindeutiger Weise in der Form $\mathbf{x} = \mathbf{z} + \mathbf{k}$ mit
$\mathbf{z} \in Z(A)$ und $\mathbf{k} \in \ker(A)$ darstellen.*

Aufgrund von Satz 1.6 nennen wir $\ker(A)$ das *orthogonale Komplement* von $Z(A)$
und schreiben $Z(A) = \ker(A)^{\perp}$.

Bemerkung 1.1 Auf diese Weise kommt man auch von einem beliebigen Teil-vektorraum U des $\mathbb{R}^n$ zu seinem *orthogonalen Komplement* $U^{\perp} := \{\mathbf{x} \in \mathbb{R}^n : \mathbf{x} \perp U\}$. Man wählt eine beliebige Basis von U und bildet die Matrix A, deren Zeilenvektoren die Basisvektoren sind. Dann ist $U^{\perp} = \ker(A)$ und wegen Satz 1.6 lässt sich jeder Vektor $\mathbf{x} \in \mathbb{R}^n$ in eindeutiger Weise in der Form $\mathbf{x} = \mathbf{x}_U + \mathbf{x}_{U^{\perp}}$ mit $\mathbf{x}_U \in U$ sowie $\mathbf{x}_{U^{\perp}} \in U^{\perp}$ darstellen. Die Summe der Dimensionen von U und $U^{\perp}$ ist gleich n.

Wegen $(U^{\perp})^{\perp} = U$ folgt hieraus insbesondere:

Satz 1.7 *Für jeden Teilvektorraum U und jeden affinen Teilraum $T = \mathbf{a} + U$ gibt es eine Matrix A so, dass $U = \ker(A)$ und T die Lösungsmenge von $A\mathbf{x} = A\mathbf{a}$ ist.*

Spezielle Basen können die Rechnungen erheblich vereinfachen. Eine Menge von Vektoren des $\mathbb{R}^n$ heißt *orthonormiert*, falls diese Vektoren alle normiert und paar-weise orthogonal sind. Es lässt sich leicht aus der Definition ableiten, dass jede orthonormierte Menge von Vektoren linear unabhängig ist. Eine Menge von n ortho-normierten Vektoren des $\mathbb{R}^n$ heißt daher *orthonormierte Basis* des $\mathbb{R}^n$. In analoger Weise wird eine orthonormierte Basis eines Teilvektorraums definiert.

Wir erinnern daran, dass man aus jeder Basis eine orthonormierte Basis mithilfe des Gram-Schmidt'schen Orthonormierungsverfahrens herstellen kann. Insbeson-dere besitzt also jeder Teilvektorraum des $\mathbb{R}^n$ eine orthonormierte Basis. Durch skalare Multiplikation mit $\mathbf{u}_j$ und mithilfe von (1.1) erhält man leicht die folgenden Rechenvorschriften.

Satz 1.8 *Es sei $\{\mathbf{u}_1, \ldots, \mathbf{u}_n\}$ eine orthonormierte Basis des $\mathbb{R}^n$. Weiterhin sei $\mathbf{x} = \sum_{i=1}^n \lambda_i \mathbf{u}_i$ sowie $\mathbf{y} = \sum_{i=1}^n \mu_i \mathbf{u}_i$. Dann gilt:*

$$\lambda_j = \mathbf{x} \cdot \mathbf{u}_j \quad \forall j \in [n],$$

$$\mathbf{x} \cdot \mathbf{y} = \sum_{i=1}^n \lambda_i \mu_i,$$

$$\|\mathbf{x}\|^2 = \sum_{i=1}^n \lambda_i^2.$$

Für eine $(n \times n)$-Matrix A heißt λ *Eigenwert von A* , falls die Determinante $|A - \lambda E|$ gleich null ist. Aus der Definition der Determinante folgt leicht, dass $p(\lambda) := |A - \lambda E|$ ein Polynom vom Grad n ist – das sogenannte *charakteristische Polynom.* Der Eigenwert λ ist ein *k-facher Eigenwert,* wenn λ eine k-fache Nullstelle des charakteristischen Polynoms ist. Ein Vektor $\mathbf{e}$ heißt *Eigenvektor zum Eigenwert λ,* wenn $(A - \lambda E)\mathbf{e} = \mathbf{0}$ und $\mathbf{e} \neq \mathbf{0}$ gilt.

Satz 1.9 *Es sei A eine symmetrische $(n \times n)$-Matrix. Dann hat A genau n reelle Eigenwerte $\lambda_1, \ldots, \lambda_n$, wobei jeder Eigenwert entsprechend seiner Vielfachheit oft aufgezählt wird. Außerdem gibt es eine Menge $\mathbf{u}_1, \ldots, \mathbf{u}_n$ von orthonormierten Eigenvektoren zu den jeweiligen Eigenwerten $\lambda_1, \ldots, \lambda_n$, also eine orthonormierte Basis des $\mathbb{R}^n$ aus n Eigenvektoren. Ist U die Matrix mit den Spaltenvektoren $\mathbf{u}_1, \ldots, \mathbf{u}_n$ und D die Diagonalmatrix mit den Diagonalelementen $\lambda_1, \ldots, \lambda_n$, so gilt $U^{\mathsf{T}}AU = D$ und $U^{\mathsf{T}}U = E$.*

Neben dem Begriff der positiven Definitheit gibt es den noch umfassenderen Begriff der positiven Semidefinitheit. Eine $(n \times n)$-Matrix C heißt *positiv semidefinit,* wenn $\mathbf{x}^{\mathsf{T}}C\mathbf{x} \geq 0$ für alle $\mathbf{x} \in \mathbb{R}^n$ gilt.

Aus dem Satz 1.9 und der Definition eines Eigenwertes lässt sich leicht folgern:

Satz 1.10 *Es sei C eine symmetrische Matrix.*

a) *Die Matrix C ist genau dann positiv definit, wenn alle Eigenwerte von C positiv sind.*
b) *Die Matrix C ist genau dann positiv semidefinit, wenn alle Eigenwerte von C nichtnegativ sind.*
c) *Die Matrix C ist genau dann positiv definit, wenn sie positiv semidefinit ist und $|C| \neq 0$ gilt.*

Solche Matrizen haben die folgende Faktorisierungseigenschaft:

Satz 1.11 *Es sei C eine symmetrische $(n \times n)$-Matrix. Die Matrix C ist genau dann positiv semidefinit, wenn es eine $(m \times n)$-Matrix G so gibt, dass $C = G^{\mathsf{T}}G$ gilt.*

Die Notwendigkeit kann hierbei aus Satz 1.9 und 1.10 abgeleitet werden, indem man D in der Form $D = D'D'$ schreibt, wobei D' die Diagonalmatrix mit den

Diagonalelementen $\sqrt{\lambda_1}, \ldots, \sqrt{\lambda_n}$ ist. Mit einer solchen Zerlegung hat man dann $\mathbf{x}^\mathsf{T} C \mathbf{x} = \mathbf{x}^\mathsf{T} G^\mathsf{T} G \mathbf{x} = \|G\mathbf{x}\|^2$ und man erhält:

Satz 1.12 *Es sei C eine symmetrische und positiv semidefinite $(n \times n)$-Matrix sowie $\mathbf{x} \in \mathbb{R}^n$. Dann gilt $\mathbf{x}^\mathsf{T} C \mathbf{x} = 0$ genau dann, wenn $C\mathbf{x} = \mathbf{0}$ gilt.*

Das *Hadamard-Produkt* $C = A \circ B$ zweier $(n \times n)$-Matrizen A und B wird definiert durch $c_{ij} := a_{ij} b_{ij}$, $i, j \in [n]$. Es gelten die folgenden Regeln:

Satz 1.13

a) *Es seien A und B symmetrische und positiv semidefinite $(n \times n)$-Matrizen und $\alpha \geq 0$. Dann sind auch die folgenden Matrizen symmetrisch und positiv semidefinit: $A + B$, αA und $A \circ B$.*

b) *Es sei $(A_m)_{m \in \mathbb{N}}$ eine Folge symmetrischer und positiv semidefiniter $(n \times n)$-Matrizen und $A = \lim_{m \to \infty} A_m$ (elementeweise). Dann ist auch A symmetrisch und positiv semidefinit.*

Hierbei ist die Aussage zum Hadamard-Produkt in a) der *Produktsatz von Schur* (siehe z. B. [17]). Die anderen Aussagen folgen sofort aus der Definition der positiven Semidefinitheit.

1.3 Grundlagen aus der Analysis

In Analogie zum vorigen Abschnitt wollen wir nun an einige wichtige Aussagen und Bezeichnungen der Analysis erinnern (siehe z. B. [8]). Im Folgenden sei $U \subseteq \mathbb{R}^n$ und $f : \mathbb{R}^n \to \mathbb{R}$. Die Menge U heißt *beschränkt*, wenn es eine Zahl $c \in \mathbb{R}$ so gibt, dass $\|\mathbf{x}\| \leq c$ für alle $\mathbf{x} \in U$ gilt. Weiterhin heißt U *abgeschlossen*, wenn der Grenzwert jeder konvergenten Folge von Elementen aus U ebenfalls in U liegt. Die Funktion f ist *stetig im Punkt $\mathbf{x}^*$*, wenn für jede Folge $(\mathbf{x}_k)$ im $\mathbb{R}^n$ gilt: Aus $\lim_{k \to \infty} \mathbf{x}_k = \mathbf{x}^*$ folgt $\lim_{k \to \infty} f(\mathbf{x}_k) = f(\mathbf{x}^*)$. Schließlich wird f kurz *stetig* genannt, wenn f in jedem Punkt $\mathbf{x}$ des $\mathbb{R}^n$ stetig ist. Ein Punkt $\mathbf{x}^*$ heißt *Minimalstelle von f auf U*, wenn $f(\mathbf{x}^*) \leq f(\mathbf{x})$ für alle $\mathbf{x} \in U$ gilt. Im Fall $U = \mathbb{R}^n$ sprechen wir nur kurz von *Minimalstelle von f*. Die Existenz einer Minimalstelle wird durch den *Satz von Weierstraß* gesichert:

Satz 1.14 *Es sei $U \subseteq \mathbb{R}^n$ nichtleer, beschränkt und abgeschlossen und $f : \mathbb{R}^n \to \mathbb{R}$ stetig. Dann gibt es eine Minimalstelle von f auf U.*

Mit etwas Aufwand lässt sich hieraus das *Lemma von Farkas* ableiten (siehe z. B. [16]):

Satz 1.15 *Es sei B eine $(m \times n)$-Matrix und $\mathbf{g} \in \mathbb{R}^n$. Ferner sei $C(B) := \{\mathbf{z} \in \mathbb{R}^n : B\mathbf{z} \leq \mathbf{0}\}$. Dann gilt die folgende Äquivalenz:*

$$\forall \mathbf{z} \in C(B) : \mathbf{z}^\mathrm{T}\mathbf{g} \geq 0 \Leftrightarrow \exists \boldsymbol{\alpha} \in \mathbb{R}^m : B^\mathrm{T}\boldsymbol{\alpha} = -\mathbf{g}, \boldsymbol{\alpha} \geq \mathbf{0}.$$

Wir nennen f *stetig differenzierbar*, wenn alle partiellen Ableitungen $\frac{\partial f(\mathbf{x})}{\partial x_i}, i \in [n]$, existieren und stetig sind. Der *Gradient* von f an der Stelle $\mathbf{x}$ ist gegeben durch

$$\nabla f(\mathbf{x}) := \left(\frac{\partial f(\mathbf{x})}{\partial x_1}, \ldots, \frac{\partial f(\mathbf{x})}{\partial x_n} \right)^\mathrm{T}.$$

Ist insbesondere f eine quadratische Funktion der Form $f(\mathbf{x}) = \frac{1}{2}\mathbf{x}^\mathrm{T}A\mathbf{x} + \mathbf{b}^\mathrm{T}\mathbf{x} + c$ mit einer symmetrischen $(n \times n)$-Matrix A, einem Vektor $\mathbf{b} \in \mathbb{R}^n$ und einer Konstanten $c \in \mathbb{R}$, so gilt $\nabla f(\mathbf{x}) = A\mathbf{x} + \mathbf{b}$.

Satz 1.16 *Es sei $\mathbf{x}^*$ eine Minimalstelle der stetig differenzierbaren Funktion f. Dann ist die notwendige Bedingung $\nabla f(\mathbf{x}^*) = \mathbf{0}$ erfüllt.*

Für zusammengesetzte Funktionen gilt die *Kettenregel*:

Satz 1.17 *Es seien die Funktionen $f : \mathbb{R}^n \to \mathbb{R}$ und $\varphi_j : \mathbb{R}^m \to \mathbb{R}, j \in [n]$, stetig differenzierbar und es sei $\mathbf{x}(\mathbf{y}) := (\varphi_1(\mathbf{y}), \ldots, \varphi_n(\mathbf{y}))^\mathrm{T}$ sowie $g(\mathbf{y}) := f(\mathbf{x}(\mathbf{y}))$. Dann gilt*

$$\frac{\partial g(\mathbf{y})}{\partial y_i} = \sum_{j=1}^{n} \frac{\partial f(\mathbf{x}(\mathbf{y}))}{\partial x_j} \frac{\partial \varphi_j(\mathbf{y})}{\partial y_i} \quad \forall i \in [m]$$

und zusammengefasst

$$\nabla g(\mathbf{y}) = \sum_{j=1}^{n} \frac{\partial f(\mathbf{x}(\mathbf{y}))}{\partial x_j} \nabla \varphi_j(\mathbf{y}).$$

Für $m = 1$ und $\varphi_j(\lambda) = x_j + \lambda z_j, j \in [n]$, ergibt sich die *Richtungsableitung*:

$$\text{Aus } g(\lambda) := f(\mathbf{x} + \lambda \mathbf{z}) \text{ folgt } g'(\lambda) = \nabla f(\mathbf{x} + \lambda \mathbf{z})^\mathrm{T}\mathbf{z}. \tag{1.4}$$

Hauptkomponentenanalyse

2

2.1 Beste Approximation und Varianzmaximierung

Es sei P eine Menge aus p Punkten des $\mathbb{R}^n$. Wir wollen diese Menge „möglichst gut" in einem Koordinatensystem mit nur k Koordinaten darstellen und dafür einen passenden k-dimensionalen affinen Teilraum verwenden. Zunächst sei $\mathbf{a}$ ein fester Punkt des $\mathbb{R}^n$ und U ein fester k-dimensionaler Teilvektorraum des $\mathbb{R}^n$. Später müssen wir dann $\mathbf{a}$ und U „optimal" wählen. Aus Bemerkung 1.1 wissen wir bereits, dass man $\mathbf{a}$ (und analog jeden anderen Punkt des $\mathbb{R}^n$) eindeutig in der Form $\mathbf{a} = \mathbf{a}_U + \mathbf{a}_{U^\perp}$ mit $\mathbf{a}_U \in U$ und $\mathbf{a}_{U^\perp} \in U^\perp$ darstellen kann. Es sei (s. Abb. 2.1)

$$T = \mathbf{a} + U \text{ und } T^\perp = \mathbf{a} + U^\perp.$$

Wegen $\mathbf{a} - \mathbf{a}_{U^\perp} = \mathbf{a}_U \in U$ und $\mathbf{a} - \mathbf{a}_U = \mathbf{a}_{U^\perp} \in U^\perp$ gilt auch

$$T = \mathbf{a}_{U^\perp} + U \text{ und } T^\perp = \mathbf{a}_U + U^\perp.$$

Für einen beliebigen Punkt $\mathbf{z} = \mathbf{a}_{U^\perp} + \mathbf{y} \in T$ (d. h. $\mathbf{y} \in U$) ist $\mathbf{x} - \mathbf{z} \in U^\perp$ genau dann, wenn $\mathbf{x}_U = \mathbf{z}_U$, d. h., wenn $\mathbf{x}_U = \mathbf{y}$ und äquivalent dazu $\mathbf{z} = \mathbf{a}_{U^\perp} + \mathbf{x}_U$ gilt. Wir bezeichnen den Vektor

$$\pi(\mathbf{x}) := \mathbf{a}_{U^\perp} + \mathbf{x}_U \tag{2.1}$$

als *orthogonale Projektion* von $\mathbf{x}$ auf T.

In analoger Weise erhalten wir die orthogonale Projektion von $\mathbf{x}$ auf $T^\perp$ mittels

$$\pi^\perp(\mathbf{x}) := \mathbf{a}_U + \mathbf{x}_{U^\perp}. \tag{2.2}$$

K. Engel, *Mathematische Grundlagen des überwachten maschinellen Lernens*, https://doi.org/10.1007/978-3-662-68134-3_2

Abb. 2.1 Veranschaulichung
der Pythagoras-Gleichung
(2.5)

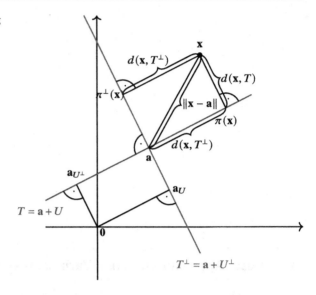

Es gilt dann $\mathbf{x} - \pi(\mathbf{x}) = \mathbf{x}_{U^\perp} - \mathbf{a}_{U^\perp}$, also $\mathbf{x} - \pi(\mathbf{x}) \in U^\perp$ und

$$\|\mathbf{x} - \pi(\mathbf{x})\| = \|\mathbf{x}_{U^\perp} - \mathbf{a}_{U^\perp}\| . \tag{2.3}$$

Für jeden anderen Punkt $\mathbf{z} \in T$, den wir o. B. d. A. in der Form $\mathbf{z} = \pi(\mathbf{x}) + \mathbf{y}$ mit
$\mathbf{0} \neq \mathbf{y} \in U$ schreiben können, gilt dann wegen (1.2)

$$\|\mathbf{x} - \mathbf{z}\|^2 = \|\mathbf{x} - \pi(\mathbf{x}) - \mathbf{y}\|^2 = \|\mathbf{x} - \pi(\mathbf{x})\|^2 + \|\mathbf{y}\|^2 > \|\mathbf{x} - \pi(\mathbf{x})\|^2 .$$

Unter allen Punkten aus T hat also $\pi(\mathbf{x})$ den kleinsten Abstand zu $\mathbf{x}$, den wir *Abstand
von $\mathbf{x}$ zu T* nennen. Analog bekommen wir den Abstand von $\mathbf{x}$ zu $T^\perp$. Diese Abstände
bezeichnen wir kurz mit

$$d(\mathbf{x}, T) := \|\mathbf{x} - \pi(\mathbf{x})\| \text{ und } d(\mathbf{x}, T^\perp) := \|\mathbf{x} - \pi^\perp(\mathbf{x})\| . \tag{2.4}$$

Es gilt dann $\mathbf{x} - \mathbf{a} = (\mathbf{x}_{U^\perp} - \mathbf{a}_{U^\perp}) + (\mathbf{x}_U - \mathbf{a}_U) = (\mathbf{x} - \pi(\mathbf{x})) + (\mathbf{x} - \pi^\perp(\mathbf{x}))$ und
wegen der Orthogonalität der beiden Summanden sowie (1.2)

$$\|\mathbf{x} - \mathbf{a}\|^2 = d^2(\mathbf{x}, T) + d^2(\mathbf{x}, T^\perp) , \tag{2.5}$$

s. Abb. 2.1.

In den folgenden Ausführungen beschränken wir uns meist auf T. Dies lässt sich
dann sofort auf $T^\perp$ übertragen.

Der *mittlere quadratische Abstand von P zu T* wird definiert durch

$$d^2(P, T) := \frac{1}{p} \sum_{\mathbf{x} \in P} d^2(\mathbf{x}, T).$$

Im speziellen Fall, dass U 0-dimensional ist, bekommen wir den *mittleren quadratischen Abstand von P zu* $\mathbf{a}$ und schreiben

$$d^2(P, \mathbf{a}) := \frac{1}{p} \sum_{\mathbf{x} \in P} \|\mathbf{x} - \mathbf{a}\|^2.$$

Aus (2.5) erhalten wir sofort durch Mittelbildung

$$d^2(P, \mathbf{a}) = d^2(P, T) + d^2(P, T^\perp). \tag{2.6}$$

Wir setzen (wie immer im Sinne von Multimengen)

$$P_U := \{\mathbf{x}_U : \mathbf{x} \in P\}, \ P_{U^\perp} := \{\mathbf{x}_{U^\perp} : \mathbf{x} \in P\} \text{ und } \pi(P) = \{\pi(\mathbf{x}) : \mathbf{x} \in P\}.$$

Für eine beliebige Menge Q des $\mathbb{R}^n$ heißt

$$\boldsymbol{\mu}(Q) := \frac{1}{|Q|} \sum_{\mathbf{x} \in Q} \mathbf{x}$$

der *Mittelwert* von Q. Wegen $\mathbf{x} = \mathbf{x}_U + \mathbf{x}_{U^\perp}$ folgt durch Mittelbildung

$$\boldsymbol{\mu}(P) = \boldsymbol{\mu}(P_U) + \boldsymbol{\mu}(P_{U^\perp}) \tag{2.7}$$

und aus (2.1)

$$\boldsymbol{\mu}(\pi(P)) = \mathbf{a}_{U^\perp} + \boldsymbol{\mu}(P_U) = \mathbf{a}_{U^\perp} + \boldsymbol{\mu}(P)_U = \pi(\boldsymbol{\mu}(P)). \tag{2.8}$$

Wir suchen nun im Sinne einer besten Approximation einen solchen affinen Teilraum T, für den $d^2(P, T)$ minimal wird. Wir betrachten zunächst den simplen Fall, dass T die Dimension 0 hat, d.h. dass $T = \{\mathbf{a}\}$ gilt.

Lemma 2.1 *Die eindeutige Lösung des Problems* $\min\{d^2(P, \mathbf{a}) : \mathbf{a} \in \mathbb{R}^n\}$ *ist gegeben durch*

$$\mathbf{a} = \boldsymbol{\mu}(P).$$

Beweis Für alle $\mathbf{a} \in \mathbb{R}^n$ gilt

$$
\begin{aligned}
d^2(P, \mathbf{a}) &= \frac{1}{p} \sum_{\mathbf{x} \in P} \|\mathbf{x} - \mathbf{a}\|^2 = \frac{1}{p} \sum_{\mathbf{x} \in P} \|\mathbf{x}\|^2 - 2\boldsymbol{\mu}(P) \cdot \mathbf{a} + \|\mathbf{a}\|^2 \\
&= \frac{1}{p} \sum_{\mathbf{x} \in P} \|\mathbf{x}\|^2 - \|\boldsymbol{\mu}(P)\|^2 + \|\boldsymbol{\mu}(P)\|^2 - 2\boldsymbol{\mu}(P) \cdot \mathbf{a} + \|\mathbf{a}\|^2 \\
&= \frac{1}{p} \sum_{\mathbf{x} \in P} \|\mathbf{x}\|^2 - \|\boldsymbol{\mu}(P)\|^2 + \|\boldsymbol{\mu}(P) - \mathbf{a}\|^2 \\
&\geq \frac{1}{p} \sum_{\mathbf{x} \in P} \|\mathbf{x}\|^2 - \|\boldsymbol{\mu}(P)\|^2
\end{aligned}
$$

und Gleichheit tritt genau dann ein, wenn $\boldsymbol{\mu}(P) = \mathbf{a}$ gilt. □

Der Wert $V(P) := d^2(P, \boldsymbol{\mu}(P))$ heißt *totale Varianz* von P. Im Fall $n = 1$ ist $V(P)$ die übliche Varianz einer endlichen Menge von reellen Zahlen.

Wegen (2.1) und (2.8) gilt

$$
\|\pi(\mathbf{x}) - \boldsymbol{\mu}(\pi(P))\|^2 = \|(\mathbf{a}_{U\perp} + \mathbf{x}_U) - (\mathbf{a}_{U\perp} + \boldsymbol{\mu}(P_U))\|^2 = \|\mathbf{x}_U - \boldsymbol{\mu}(P_U)\|^2
$$

und durch Mittelbildung folgt

$$
V(\pi(P)) = V(P_U) \,. \tag{2.9}
$$

Lemma 2.2 *Bei festem U wird $d^2(P, T)$ genau dann minimal, wenn $\mathbf{a}_{U\perp} = \boldsymbol{\mu}(P_{U\perp})$ gilt. In diesem Fall gilt dann $d^2(P, T) = V(P_{U\perp})$.*

Beweis Wegen (2.3) und (2.4) gilt $d(\mathbf{x}, T) = \|\mathbf{x}_{U\perp} - \mathbf{a}_{U\perp}\|$ und nach Mittelbildung

$$
d^2(P, T) = d^2(P_{U\perp}, \mathbf{a}_{U\perp}) \,.
$$

Die Behauptung ergibt sich aus Lemma 2.1 und der Definition der totalen Varianz. □

Da T unabhängig von $\mathbf{a}_U \in U$ ist, können wir $\mathbf{a}_U := \boldsymbol{\mu}(P_U)$ wählen. Wiederum aus (2.3) und der Definition der totalen Varianz folgt dann (unabhängig von der Wahl von $\mathbf{a}_{U\perp}$) unter Beachtung von (2.9)

$$
d^2(P, T^\perp) = V(P_U) = V(\pi(P)) \quad \text{und analog} \tag{2.10}
$$
$$
d^2(P, T) = V(P_{U\perp}) = V(\pi^\perp(P)) \,. \tag{2.11}
$$

Wir möchten betonen, dass bei festem U die totale Varianz der Projektion von P unabhängig von der Wahl von $\mathbf{a}_{U\perp}$ ist und für die Minimierung des mittleren quadratischen Abstandes von P zu T unbedingt $\mathbf{a}_{U\perp} = \boldsymbol{\mu}(P_{U\perp})$ gesetzt werden muss. Da wir ja für die Festlegung von T den Anteil $\mathbf{a}_U$ beliebig wählen dürfen, setzen wir im Folgenden immer $\mathbf{a}_U = \boldsymbol{\mu}(P_U)$, d. h. $\mathbf{a} = \boldsymbol{\mu}(P_U) + \boldsymbol{\mu}(P_{U\perp})$, also wegen (2.7)

$$\mathbf{a} = \boldsymbol{\mu}(P) . \tag{2.12}$$

Der Mittelwert von P liegt also im optimalen affinen Teilraum T. Aus (2.12) folgt $d^2(P, \mathbf{a}) = V(P)$ und wegen (2.6), (2.10) und (2.11) gilt schließlich

$$V(P) = d^2(P, T) + V(\pi(P)) = V(\pi^\perp(P)) + V(\pi(P)) . \tag{2.13}$$

Da $V(P)$ ein fester Wert ist, ist die Minimierung des mittleren quadratischen Abstandes von P zu T, also der totalen Varianz der orthogonalen Projektion von P auf $T^\perp$, äquivalent zur Maximierung der totalen Varianz der orthogonalen Projektion von P auf T. Wegen (2.10) brauchen wir deswegen nur noch $V(P_U)$ über alle k-dimensionalen Teilvektorräume U des $\mathbb{R}^n$ zu maximieren. Wir benötigen dafür die *Kovarianzmatrix* von P, die wie folgt definiert ist:

$$C(P) := \frac{1}{p} \sum_{\mathbf{x} \in P} (\mathbf{x} - \boldsymbol{\mu}(P))(\mathbf{x} - \boldsymbol{\mu}(P))^{\mathsf{T}} .$$

Zur Abkürzung schreiben wir aber einfach C statt $C(P)$ und jetzt auch $\boldsymbol{\mu}$ statt $\boldsymbol{\mu}(P)$.

Es sei $\{\mathbf{u}_1, \ldots, \mathbf{u}_k\}$ eine orthonormierte Basis von U, die durch eine orthonormierte Basis $\{\mathbf{u}_{k+1}, \ldots, \mathbf{u}_n\}$ von $U^\perp$ zu einer orthonormierten Basis $\{\mathbf{u}_1, \ldots, \mathbf{u}_n\}$ des $\mathbb{R}^n$ ergänzt wird.

Lemma 2.3 *Es gilt*

$$V(P_U) = \sum_{i=1}^{k} \mathbf{u}_i^{\mathsf{T}} C \mathbf{u}_i .$$

Beweis Aus der Orthormiertheit der Basis und Satz 1.8 folgt für alle $\mathbf{x} \in P$

$$\mathbf{x} - \boldsymbol{\mu} = \sum_{i=1}^{n} ((\mathbf{x} - \boldsymbol{\mu}) \cdot \mathbf{u}_i)\mathbf{u}_i ,$$

$$(\mathbf{x} - \boldsymbol{\mu})_U = \sum_{i=1}^{k} ((\mathbf{x} - \boldsymbol{\mu}) \cdot \mathbf{u}_i)\mathbf{u}_i ,$$

$$\|(\mathbf{x} - \boldsymbol{\mu})_U\|^2 = \sum_{i=1}^{k} ((\mathbf{x} - \boldsymbol{\mu}) \cdot \mathbf{u}_i)^2 = \sum_{i=1}^{k} \mathbf{u}_i^{\mathsf{T}} (\mathbf{x} - \boldsymbol{\mu})(\mathbf{x} - \boldsymbol{\mu})^{\mathsf{T}} \mathbf{u}_i$$

und schließlich durch Mittelbildung

$$V(P_U) = \sum_{i=1}^{k} \mathbf{u}_i^{\mathrm{T}} C \mathbf{u}_i \,.$$

$\square$

Da C symmetrisch ist, hat C nach Satz 1.9 genau n (nicht notwendig verschiedene) Eigenwerte $\lambda_1, \ldots, \lambda_n$ und n dazugehörende orthonormierte Eigenvektoren $\mathbf{e}_1, \ldots, \mathbf{e}_n$. Die Nummerierung sei hierbei gleich so gewählt, dass

$$\lambda_1 \geq \cdots \geq \lambda_n$$

gilt. Es sei U^* der Teilvektorraum mit der Basis $\{\mathbf{e}_1, \ldots, \mathbf{e}_k\}$. Aus Lemma 2.3 folgt sofort

$$V(P_{U^*}) = \sum_{i=1}^{k} \mathbf{e}_i^{\mathrm{T}} \lambda_i \mathbf{e}_i = \sum_{i=1}^{k} \lambda_i \,. \tag{2.14}$$

Der folgende Satz besagt, dass U^* ein solcher Teilvektorraum ist, für den die totale Varianz der orthogonalen Projektionen maximal ist.

Satz 2.1 *Für jeden k-dimensionalen Teilvektorraum U des $\mathbb{R}^n$ gilt*

$$V(P_U) \leq V(P_{U^*}) \,.$$

Beweis Wegen Satz 1.8 gilt für alle $i \in [n]$

$$\mathbf{u}_i = \sum_{j=1}^{n} (\mathbf{u}_i \cdot \mathbf{e}_j) \mathbf{e}_j \,,$$

$$C \mathbf{u}_i = \sum_{j=1}^{n} (\mathbf{u}_i \cdot \mathbf{e}_j) \lambda_j \mathbf{e}_j \,,$$

$$\mathbf{u}_i^{\mathrm{T}} C \mathbf{u}_i = \sum_{j=1}^{n} \lambda_j (\mathbf{u}_i \cdot \mathbf{e}_j)^2 \,,$$

also wegen Lemma 2.3

$$V(P_U) = \sum_{i=1}^{k} \sum_{j=1}^{n} \lambda_j (\mathbf{u}_i \cdot \mathbf{e}_j)^2 = \sum_{j=1}^{n} \lambda_j \sum_{i=1}^{k} (\mathbf{u}_i \cdot \mathbf{e}_j)^2 \,.$$

Setzen wir[1] für $j \in [n]$

$$\alpha_j := \sum_{i=1}^{k} (\mathbf{u}_i \cdot \mathbf{e}_j)^2 ,$$

so haben wir also

$$V(P_U) = \sum_{j=1}^{n} \lambda_j \alpha_j . \tag{2.15}$$

Es gilt wieder wegen Satz 1.8 für alle $j \in [n]$

$$\mathbf{e}_j = \sum_{i=1}^{n} (\mathbf{e}_j \cdot \mathbf{u}_i) \mathbf{u}_i ,$$

also

$$1 = \|\mathbf{e}_j\|^2 = \sum_{i=1}^{n} (\mathbf{e}_j \cdot \mathbf{u}_i)^2 = \sum_{i=1}^{n} (\mathbf{u}_i \cdot \mathbf{e}_j)^2 .$$

Hieraus folgt

$$0 \le \alpha_j \le 1 \quad \forall j \in [n] \tag{2.16}$$

sowie durch Summation über $j \in [k]$

$$k = \sum_{j=1}^{k} \sum_{i=1}^{n} (\mathbf{u}_i \cdot \mathbf{e}_j)^2 = \sum_{i=1}^{n} \sum_{j=1}^{k} (\mathbf{u}_i \cdot \mathbf{e}_j)^2 ,$$

also

$$\sum_{i=1}^{n} \alpha_i = k . \tag{2.17}$$

Natürlich gilt

$$\lambda_j \begin{cases} \ge \lambda_k , & \text{falls } j \le k , \\ \le \lambda_k , & \text{falls } j \ge k . \end{cases} \tag{2.18}$$

---

[1] Ich danke Jan-Christoph Schlage-Puchta für diese Idee.

Aus (2.14)–(2.18) erhalten wir schließlich

$$
V(P_U) = \sum_{j=1}^{n} \lambda_j \alpha_j = \sum_{j=1}^{k} \lambda_j - \sum_{j=1}^{k} \lambda_j (1 - \alpha_j) + \sum_{j=k+1}^{n} \lambda_j \alpha_j
$$

$$
\leq \sum_{j=1}^{k} \lambda_j - \sum_{j=1}^{k} \lambda_k (1 - \alpha_j) + \sum_{j=k+1}^{n} \lambda_k \alpha_j
$$

$$
= \sum_{j=1}^{k} \lambda_j - \lambda_k \left(k - \sum_{j=1}^{n} \alpha_j \right)
$$

$$
= \sum_{j=1}^{k} \lambda_j .
$$

$\square$

2.2   Arbeitsschritte

Das Hauptanliegen der Hauptkomponentenanalyse besteht darin, die Punktmenge P approximativ mit weniger Koordinaten darzustellen. Nach den Überlegungen des vorigen Abschnittes bietet sich dazu die orthogonale Projektion von P auf den affinen Teilraum $T^* = \mu + U^*$ an. Für die Darstellung der Projektionen benötigt man ein Koordinatensystem und hier bietet sich das System $S^* = (\mu; \mathbf{e}_1, \ldots, \mathbf{e}_k)$ an. Wegen (2.1) gilt

$$
\pi(\mathbf{x}) = \mu_{U^* \perp} + \mathbf{x}_{U^*} = \mu + \mathbf{x}_{U^*} - \mu_{U^*} = \mu + (\mathbf{x} - \mu)_{U^*}
$$

$$
= \mu + \sum_{i=1}^{k} ((\mathbf{x} - \mu) \cdot \mathbf{e}_i) \mathbf{e}_i .
$$

Es sei E_k die Matrix, deren Spalten aus den Vektoren $\mathbf{e}_1, \ldots, \mathbf{e}_k$ besteht. Wir ersetzen also den Punkt $\mathbf{x} \in \mathbb{R}^n$ durch den neuen Punkt

$$
\mathbf{y} = E_k^{\mathsf{T}} (\mathbf{x} - \mu) \in \mathbb{R}^k .
$$

Die notwendigen Arbeitsschritte fassen wir im folgenden Algorithmus zusammen.

Algorithmus 2.1 Algorithmus zur Hauptkomponentenanalyse

Eingabe: Punktmenge $P \subseteq \mathbb{R}^n$

$\mu \leftarrow \frac{1}{|P|} \sum_{x \in P} x$.

$C \leftarrow \frac{1}{|P|} \sum_{x \in P} (x - \mu)(x - \mu)^{\mathsf{T}}$.

Berechne k orthonormierte Eigenvektoren zu den k größten Eigenwerten von C.

Bilde die Matrix E_k, indem diese Eigenvektoren als Spalten gewählt werden.

$Q \leftarrow \emptyset$.

for all $x \in P$ **do**

   $y \leftarrow E_k^{\mathsf{T}}(x - \mu)$.

   Füge y zu Q hinzu.

end for

Ausgabe: Punktmenge $Q \subseteq \mathbb{R}^k$

Die numerische Berechnung der Eigenwerte und Eigenvektoren können wir hier aus Platzgründen nicht ausführlich behandeln. Daher verweisen wir auf die Literatur wie z. B. [6, 11].

2.3 Quasi-affine Teilräume

In praktischen Anwendungen kann es aber durchaus passieren, dass sich die Punktmengen nicht gut durch affine Teilräume approximieren lassen und dadurch in der weiteren Verarbeitung nicht die gewünschten Ergebnisse erzielt werden können. Mit einem einfachen Trick kann man gewisse „Nichtlinearitäten" zulassen.

Hierfür wählt man „mit einer genialen Einsicht" gewisse Funktionen $\varphi_i : \mathbb{R}^n \to \mathbb{R}$, $i = 1, \dots, N$, und ersetzt zunächst die Vektoren $\mathbf{x} \in \mathbb{R}^n$ durch die Vektoren

$$\mathbf{y} := (\varphi_1(\mathbf{x}), \dots, \varphi_N(\mathbf{x}))^{\mathsf{T}} \in \mathbb{R}^N .$$

Wir schreiben hierfür kurz $\mathbf{y} := \boldsymbol{\varphi}(\mathbf{x})$. Die Hauptkomponentenanalyse wird dann nicht auf P, sondern auf $Q := \boldsymbol{\varphi}(P) := \{\boldsymbol{\varphi}(\mathbf{x}) : \mathbf{x} \in P\}$ angewandt. Bei der Wahl der Funktionen φ kommt man aber nicht um ein gewisses Experimentieren herum. Im Sinne einer quadratischen Approximation bieten sich quadratische Funktionen der Form $\varphi_{i,j}(\mathbf{x}) = x_i x_j$ und auch die Projektionen $\varphi_j(\mathbf{x}) = x_j$ an.

Es seien beispielsweise viele Punkte im $\mathbb{R}^2$ annähernd auf einem Kreis der Form $(x_1 - 2)^2 + (x_2 - 1)^2 = 4$ gegeben. Diese kann man nicht gut durch eine Gerade approximieren. Ersetzen wir aber $(x_1, x_2)^{\mathsf{T}}$ durch $(y_1, y_2)^{\mathsf{T}} := ((x_1-2)^2, (x_2-1)^2)^{\mathsf{T}}$, so liegen diese neuen Punkte alle annähernd auf der Geraden, die durch $y_1 + y_2 = 4$ gegeben ist. Wir haben also eine „fast perfekte" Approximation.

Nach Satz 1.7 können affine Teilräume $T \subseteq \mathbb{R}^n$ in der Form

$$T = \{\mathbf{x} \in \mathbb{R}^n : A\mathbf{x} = \mathbf{b}\}$$

mit einer geeigneten Matrix A und einer geeigneten rechten Seite $\mathbf{b}$ dargestellt werden. Führen wir die oben angegebene Transformation durch, so kommen wir zu Mengen der Form

$$T = \{\boldsymbol{\varphi}(\mathbf{x}) \in \mathbb{R}^N : A\boldsymbol{\varphi}(\mathbf{x}) = \mathbf{b}\}$$

und, wenn wir auf die ursprünglichen Punkte $\mathbf{x}$ zurückgehen, zu Mengen der Form

$$\tilde{T} = \{\mathbf{x} \in \mathbb{R}^n : A\boldsymbol{\varphi}(\mathbf{x}) = \mathbf{b}\}.$$

Wir nennen solche Mengen *quasi-affine Teilräume des* $\mathbb{R}^n$.

Im Abschn. 5.4 werden wir auf eine implizite Wahl der Funktionen φ durch gewisse Kerne eingehen.

Der Perzeptron-Lernalgorithmus

3

3.1   Einige Grundlagen zu Hyperebenen im Raum

Es sei wieder eine Punktmenge P als Teilmenge des $\mathbb{R}^n$ gegeben. Wir nutzen der Einfachheit halber diese Bezeichnung auch dann, wenn sich diese Punktmenge aus der Hauptkomponentenanalyse oder anderen Vorverarbeitungsschritten ergeben hat. Im Fokus stehen jetzt *Hyperebenen,* also affine Teilräume der Form

$$H = \{\mathbf{x} \in \mathbb{R}^n : \mathbf{w}^\mathsf{T}\mathbf{x} - \theta = 0\},$$

wobei $\mathbf{w}$ ein fester Vektor des $\mathbb{R}^n$ mit $\mathbf{w} \neq \mathbf{0}$ und θ eine feste reelle Zahl ist. Wegen Satz 1.5 kann H auch in der Form $H = \mathbf{a} + U$ dargestellt werden, wobei

$$U = \{\mathbf{x} \in \mathbb{R}^n : \mathbf{w}^\mathsf{T}\mathbf{x} = 0\}$$

gilt. Aus Satz 1.4 folgt, dass U und damit auch jede Hyperebene $(n-1)$-dimensional ist und dass $\mathbf{w} \in U^\perp$ gilt. Dies impliziert (beachte Bemerkung 1.1)

$$U^\perp = \{\lambda\mathbf{w} : \lambda \in \mathbb{R}\}$$

und folglich wegen (2.1) für einen beliebigen Punkt $\mathbf{x} \in \mathbb{R}^n$

$$\mathbf{x} - \pi(\mathbf{x}) = \lambda\mathbf{w} \qquad (3.1)$$

mit einem gewissen $\lambda \in \mathbb{R}$, wobei π die orthogonale Projektion von $\mathbf{x}$ auf H ist. Jeder Vektor aus $U^\perp$, der vom Nullvektor verschieden ist, wird *Stellungsvektor* von H genannt. Aus (3.1) folgt einerseits (wegen $d(\mathbf{x}, H) = \|\mathbf{x} - \pi(\mathbf{x})\|$)

$$d(\mathbf{x}, H) = |\lambda|\|\mathbf{w}\|$$

K. Engel, *Mathematische Grundlagen des überwachten maschinellen Lernens*, https://doi.org/10.1007/978-3-662-68134-3_3

und andererseits nach Multiplikation mit $\mathbf{w}^{\mathsf{T}}$ (wegen $\pi(\mathbf{x}) \in H$)

$$\mathbf{w}^{\mathsf{T}}\mathbf{x} - \theta = \lambda \|\mathbf{w}\|^2 \tag{3.2}$$

und daher

$$d(\mathbf{x}, H) = \frac{|\mathbf{w}^{\mathsf{T}}\mathbf{x} - \theta|}{\|\mathbf{w}\|} . \tag{3.3}$$

Wir machen darauf aufmerksam, dass dies im Fall $\|\mathbf{w}\| = 1$ eine bekannte Aussage für die *Hesse'sche Normalform* einer Hyperebene ist. Es sei

$$H_{\geq} := \{\mathbf{x} \in \mathbb{R}^n : \mathbf{w}^{\mathsf{T}}\mathbf{x} - \theta \geq 0\} \text{ und } H_{\leq} := \{\mathbf{x} \in \mathbb{R}^n : \mathbf{w}^{\mathsf{T}}\mathbf{x} - \theta \leq 0\} .$$

Die Gleichung (3.2) impliziert

$$\lambda \begin{cases} \geq 0, & \text{falls } \mathbf{x} \in H_{\geq} , \\ \leq 0, & \text{falls } \mathbf{x} \in H_{\leq} , \end{cases}$$

d.h., $H_{\geq}$ (bzw. $H_{\leq}$) ist derjenige *Halbraum* vom $\mathbb{R}^n$, den man von H aus in Richtung $\mathbf{w}$ (bzw. entgegen der Richtung $\mathbf{w}$) erreicht, s. Abb. 3.1.
    Der Wert

$$\tilde{d}(\mathbf{x}, H) := \frac{\mathbf{w}^{\mathsf{T}}\mathbf{x} - \theta}{\|\mathbf{w}\|} \tag{3.4}$$

wird als *vorzeichenbehafteter Abstand* bezeichnet. Es ist also $|\tilde{d}(\mathbf{x}, H)| = d(\mathbf{x}, H)$ sowie $\tilde{d}(\mathbf{x}, H) \geq 0$ bzw. $\tilde{d}(\mathbf{x}, H) \leq 0$, falls $\mathbf{x} \in H_{\geq}$ bzw. $\mathbf{x} \in H_{\leq}$.

Abb. 3.1 Trennung des
Raumes in zwei Halbräume
durch eine Hyperebene

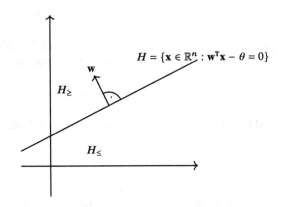

3.2 Lineare Trennung zweier Klassen

Es sei nun P als disjunkte Vereinigung (im Sinne von Multimengen) von zwei nicht-leeren endlichen Punktmengen gegeben, die wir mit P_{-1} und P_{+1} bezeichnen, d. h., es gilt $P = P_{-1} \uplus P_{+1}$. Die Mengen P_{-1} und P_{+1} nennen wir auch *Klassen* von P. Wir sagen, dass P_{-1} und P_{+1} *linear trennbar* sind, wenn es ein $\mathbf{w} \in \mathbb{R}^n$ und ein $\theta \in \mathbb{R}$ so gibt, dass

$$\mathbf{w}^\mathsf{T}\mathbf{x} - \theta \begin{cases} \leq 0 \,, & \text{falls } \mathbf{x} \in P_{-1} \,, \\ > 0 \,, & \text{falls } \mathbf{x} \in P_{+1} \end{cases}$$

gilt, falls also P_{-1} und P_{+1} in verschiedenen durch H erzeugten Halbräumen liegen, wobei nur P_{-1} auch Punkte auf H haben darf. Wir nennen das Paar $(\mathbf{w}, \theta)$ ein *Zertifikat für die lineare Trennbarkeit*.

Hat ein Anwender ein solches Zertifikat zur Verfügung, so kann er für jedes $\mathbf{x} \in P$ mit geringstem Aufwand entscheiden, ob es in P_{-1} oder in P_{+1} liegt, den Punkt $\mathbf{x}$ also *klassifizieren*. Er braucht nur $\mathbf{w}^\mathsf{T}\mathbf{x} - \theta$ auszurechnen. Ist das Ergebnis positiv, so liegt $\mathbf{x}$ in P_{+1} und anderenfalls in P_{-1}.

Man beachte, dass Zertifikate nicht eindeutig bestimmt sind, was z. B. aus den folgenden Überlegungen folgt. Die Punktmengen P_{-1} und P_{+1} heißen sogar *streng linear trennbar*, falls es zusätzlich noch ein $\delta > 0$ so gibt, dass

$$\mathbf{w}^\mathsf{T}\mathbf{x} - \theta \begin{cases} \leq -\delta \,, & \text{falls } \mathbf{x} \in P_{-1} \,, \\ \geq +\delta \,, & \text{falls } \mathbf{x} \in P_{+1} \end{cases}$$

gilt, falls also zusätzlich alle Punkte aus P einen positiven Abstand zu H haben, der wegen (3.3) wenigstens gleich $\delta / \|\mathbf{w}\|$ ist. Wenn wir doch $\delta = 0$ zulassen, dann sprechen wir von einer *schwachen linearen Trennbarkeit*.

Lemma 3.1 *Die Punktmengen P_{-1} und P_{+1} sind genau dann linear trennbar, wenn sie streng linear trennbar sind.*

Beweis Offenbar folgt aus der strengen linearen Trennbarkeit sofort die lineare Trennbarkeit. Wir brauchen also nur die umgekehrte Implikation zu zeigen. Seien dazu P_{-1} und P_{+1} linear trennbar mit entsprechenden $\mathbf{w} \in \mathbb{R}^n$ sowie $\theta' \in \mathbb{R}$ (veränderte Bezeichnung). Da P_{+1} endlich ist, existiert $\delta' := \min\{\mathbf{w}^\mathsf{T}\mathbf{x} - \theta' : \mathbf{x} \in P_{+1}\}$ und es gilt $\delta' > 0$. Wir setzen nun $\delta := \delta'/2$, $\theta := \theta' + \delta$ und erhalten damit $\delta > 0$ sowie

$$\mathbf{w}^\mathsf{T}\mathbf{x} - \theta = (\mathbf{w}^\mathsf{T}\mathbf{x} - \theta') - \delta \begin{cases} \leq -\delta \,, & \text{falls } \mathbf{x} \in P_{-1} \,, \\ \geq \delta' - \delta = \delta \,, & \text{falls } \mathbf{x} \in P_{+1} \,. \end{cases}$$

$\square$

Es sei nun bekannt, dass P_{-1} und P_{+1} linear trennbar sind, jedoch sei kein dazugehöriges Zertifikat $(\mathbf{w}, \theta)$ bekannt. Ein solches Zertifikat soll nun algorithmisch ermittelt werden. Hierzu fügen wir die unbekannten $\mathbf{w}$ und θ zu einem $(n+1)$-dimensionalen Vektor zusammen, den wir im Folgenden auch wieder nur kurz $\mathbf{w}$ nennen, um die Notationen nicht zu überfrachten. Außerdem fügen wir zu jedem $\mathbf{x} \in P$ eine neue Koordinate mit dem Wert -1 hinzu, sodass wir neue Punkte im $\mathbb{R}^{n+1}$ erhalten, die wir aber ebenso einfach nur mit $\mathbf{x}$ bezeichnen. Auch die Bezeichnungen für die entsprechenden Punktmengen, also P, P_{+1} und P_{-1} behalten wir bei. Der Term $\mathbf{w}^{\mathsf{T}}\mathbf{x} - \theta$ in der alten Bezeichnung geht dadurch über in einen Term $\mathbf{w}^{\mathsf{T}}\mathbf{x}$ in der neuen Bezeichnung. Da die letzte Koordinate immer gleich -1 ist, enthält (die veränderte Punktmenge) P nicht den Nullvektor. Schließlich ordnen wir jedem $\mathbf{x} \in P$ seine Zugehörigkeit zu P_{-1} bzw. P_{+1} zu, d.h., wir setzen für $\mathbf{x} \in P$

$$\chi(\mathbf{x}) := \begin{cases} -1\,, & \text{falls } \mathbf{x} \in P_{-1}\,, \\ +1\,, & \text{falls } \mathbf{x} \in P_{+1}\,. \end{cases} \tag{3.5}$$

Insgesamt haben wir also die folgende Situation: Sei $P = P_{-1} \cup P_{+1} \subseteq \mathbb{R}^{n+1}$ und seien P_{-1} und P_{+1} (streng) linear trennbar, d.h., es existieren uns unbekannte $\mathbf{w}^* \in \mathbb{R}^{n+1}$ und $\delta^* > 0$ so, dass

$$\chi(\mathbf{x})\mathbf{w}^{*\mathsf{T}}\mathbf{x} \geq \delta^* \quad \forall \mathbf{x} \in P \tag{3.6}$$

gilt. Algorithmisch zu bestimmen ist ein $\mathbf{w} \in \mathbb{R}^{n+1}$ so, dass

$$\chi(\mathbf{x})\mathbf{w}^{\mathsf{T}}\mathbf{x} > 0 \quad \forall \mathbf{x} \in P$$

gilt. Dies kann theoretisch mit Mitteln der Linearen Optimierung erfolgen, allerdings würde bei diesem speziellen Problem doch etwas mit Kanonen auf Spatzen geschossen werden und große Punktmengen würden die praktische Realisierung schwierig machen. Glücklicherweise gibt es hierfür einen sehr einfachen Algorithmus.

Algorithmus 3.1 Perzeptron-Lernalgorithmus, kurz PLA

Eingabe: Linear trennbare Punktmengen $P_{-1}, P_{+1} \subseteq \mathbb{R}^{n+1}$
$P \leftarrow P_{-1} \cup P_{+1}$.
Wähle einen beliebigen Anfangsvektor $\mathbf{w}_0$.
$\mathbf{w} \leftarrow \mathbf{w}_0$.
while Die Abbruchbedingung (3.7) ist nicht erfüllt **do**
  for all $\mathbf{x} \in P$ **do**
    if $\chi(\mathbf{x})\mathbf{w}^{\mathsf{T}}\mathbf{x} \leq 0$ **then**
      $\mathbf{w} \leftarrow \mathbf{w} + \chi(\mathbf{x})\mathbf{x}$.
    end if
  end for
end while
Ausgabe: $\mathbf{w}$

Als Abbruchbedingung legen wir hier fest:

$$\text{Bei einem kompletten Durchlauf aller } \mathbf{x} \in P \text{ gilt } \chi(\mathbf{x})\mathbf{w}^\mathsf{T}\mathbf{x} > 0. \tag{3.7}$$

Ist diese Bedingung erfüllt, so hat man das gewünschte Zertifikat $\mathbf{w}$ gefunden. Die Durchführbarkeit ist durch den folgenden Satz gegeben.

Satz 3.1 *Sind P_{-1} und P_{+1} streng linear trennbar, so ist die Abbruchbedingung im Perzeptron-Lernalgorithmus nach endlich vielen Schritten erfüllt.*

Beweis Angenommen, die Abbruchbedingung wäre nie erfüllt. Wir betrachten die mit der Abarbeitung des Algorithmus 3.1 entstehende unendliche Folge $(\mathbf{x}_k)_{k \in \mathbb{N}}$ aller Punkte $\mathbf{x}$, für die im PLA $\chi(\mathbf{x})\mathbf{w}^\mathsf{T}\mathbf{x} \leq 0$ gilt. Zum Zeitpunkt der Betrachtung von $\mathbf{x}_k$ soll $\mathbf{w}$ gleich $\mathbf{w}_k$ sein. Es gilt also für alle $k \in \mathbb{N}$

$$\chi(\mathbf{x}_k)\mathbf{w}_k^\mathsf{T}\mathbf{x}_k \leq 0 \text{ und } \mathbf{w}_{k+1} = \mathbf{w}_k + \chi(\mathbf{x}_k)\mathbf{x}_k. \tag{3.8}$$

Wir werden nun die Quadrate der Normen der Vektoren $\mathbf{w}_k$ nach unten quadratisch in k und nach oben linear in k abschätzen und mit $k \to \infty$ einen Widerspruch erzeugen. Wir benötigen dafür noch die größte Norm eines Punktes von P, also

$$M := \max\{\|\mathbf{x}\| : \mathbf{x} \in P\}.$$

Wegen (3.8) gilt für alle $k \in \mathbb{N}$

$$\|\mathbf{w}_{k+1}\|^2 = \|\mathbf{w}_k\|^2 + 2\chi(\mathbf{x}_k)\mathbf{w}_k^\mathsf{T}\mathbf{x}_k + \|\mathbf{x}_k\|^2 \leq \|\mathbf{w}_k\|^2 + \|\mathbf{x}_k\|^2 \leq \|\mathbf{w}_k\|^2 + M^2. \tag{3.9}$$

In jedem Veränderungsschritt erhöht sich das Quadrat der Norm des aktuellen Vektors $\mathbf{w}$ also höchstens um M^2. Hieraus folgt sofort

$$\|\mathbf{w}_k\|^2 \leq \|\mathbf{w}_0\|^2 + kM^2 \quad \forall k \in \mathbb{N}. \tag{3.10}$$

Für die Abschätzung nach unten verwenden wir (3.6). Zunächst gilt offenbar

$$\mathbf{w}_k = \mathbf{w}_0 + \sum_{i=0}^{k-1} \chi(\mathbf{x}_i)\mathbf{x}_i$$

und nach Multiplikation mit $\mathbf{w}^{*\mathsf{T}}$ ergibt sich wegen (3.6)

$$\mathbf{w}^{*\mathsf{T}}\mathbf{w}_k = \mathbf{w}^{*\mathsf{T}}\mathbf{w}_0 + \sum_{i=0}^{k-1} \chi(\mathbf{x}_i)\mathbf{w}^{*\mathsf{T}}\mathbf{x}_i \geq \mathbf{w}^{*\mathsf{T}}\mathbf{w}_0 + k\delta^*.$$

Für genügend große k (auf die wir uns im Folgenden beschränken) gilt also

$$(\mathbf{w^{*T}}\mathbf{w}_k)^2 \geq (\mathbf{w^{*T}}\mathbf{w}_0 + k\delta^*)^2$$

und mit der Cauchy-Schwarz'schen Ungleichung (1.3) sogar

$$\|\mathbf{w}^*\|^2 \|\mathbf{w}_k\|^2 \geq (\mathbf{w^{*T}}\mathbf{w}_0 + k\delta^*)^2,$$

also

$$\|\mathbf{w}_k\|^2 \geq \frac{1}{\|\mathbf{w}^*\|^2}(\mathbf{w^{*T}}\mathbf{w}_0 + k\delta^*)^2. \tag{3.11}$$

Fassen wir (3.10) und (3.11) zusammen und dividieren wir durch k^2, erhalten wir für alle genügend großen k

$$\frac{1}{\|\mathbf{w}^*\|^2}(\frac{\mathbf{w^{*T}}\mathbf{w}_0}{k} + \delta^*)^2 \leq \frac{1}{k^2}\|\mathbf{w}_0\|^2 + \frac{1}{k}M^2.$$

Mit $k \to \infty$ ergibt sich der gewünschte Widerspruch aus

$$\frac{\delta^{*2}}{\|\mathbf{w}^*\|^2} \leq 0.$$

□

Wir wollen noch den Schritt

$$\mathbf{w} \leftarrow \mathbf{w} + \chi(\mathbf{x})\mathbf{x}, \quad \text{falls } \chi(\mathbf{x})\mathbf{w^{T}}\mathbf{x} \leq 0,$$

als Abstiegsschritt, und damit den PLA als Gradientenverfahren, interpretieren, was wir dann in Kap. 6 weiter ausführen werden. Hierbei fassen wir den PLA aber nur als Algorithmus zur Bestimmung eines Zertifikats für die schwache lineare Trennbarkeit auf. Wir benötigen die Funktion $x_+ := \max\{0, x\}$, die im Bereich des maschinellen Lernens als *ReLU-Funktion* (rectified linear unit) und in der Mechanik als *Rampenfunktion* bezeichnet wird. Offenbar gilt

$$x_+ = \begin{cases} 0, & \text{falls } x < 0, \\ x, & \text{falls } x \geq 0, \end{cases}$$

s. Abb. 3.2. Diese Funktion ist nur an der Stelle $x = 0$ nicht differenzierbar. Wir lassen aber ausnahmsweise zu, dass an dieser Stelle die Ableitung als rechtsseitige Ableitung definiert wird. Damit erhalten wir dann als Ableitung die *Heaviside'sche Sprungfunktion*

$$H(x) := \frac{d}{dx}x_+ = \begin{cases} 0, & \text{falls } x < 0, \\ 1, & \text{falls } x \geq 0. \end{cases} \tag{3.12}$$

Abb. 3.2 Die ReLU-
Funktion

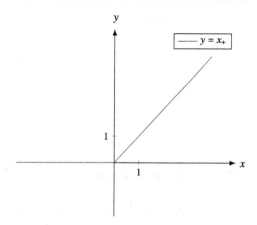

Bei der schwachen linearen Trennung wollen wir ja erreichen, dass die Ungleichung $\chi(\mathbf{x})\mathbf{w}^\mathsf{T}\mathbf{x} \geq 0$, also die Gleichung $(-\chi(\mathbf{x})\mathbf{w}^\mathsf{T}\mathbf{x})_+ = 0$ für alle $\mathbf{x} \in P$ gilt. Betrachten wir für den Moment nur ein festes $\mathbf{x}$, so soll also die Funktion

$$f_{\mathbf{x}}(\mathbf{w}) := (-\chi(\mathbf{x})\mathbf{w}^\mathsf{T}\mathbf{x})_+$$

minimiert werden. Mit $u(\mathbf{w}) := -\chi(\mathbf{x})\mathbf{w}^\mathsf{T}\mathbf{x}$ und damit $f_{\mathbf{x}}(\mathbf{w}) = (u(\mathbf{w}))_+$ gilt nach der Kettenregel (Satz 1.17)

$$\nabla f_{\mathbf{x}}(\mathbf{w}) = \left(\frac{d}{du}u_+\right)\nabla u(\mathbf{w}) = \begin{cases} 0, & \text{falls } \chi(\mathbf{x})\mathbf{w}^\mathsf{T}\mathbf{x} > 0, \\ -\chi(\mathbf{x})\mathbf{x}, & \text{falls } \chi(\mathbf{x})\mathbf{w}^\mathsf{T}\mathbf{x} \leq 0. \end{cases}$$

Wir verschieben im PLA also jedes Mal $\mathbf{w}$ um den negativen Gradienten von $f_{\mathbf{x}}$, wobei wir nicht einmal die Abfrage $\chi(\mathbf{x})\mathbf{w}^\mathsf{T}\mathbf{x} \leq 0$ machen müssten. Beim Abarbeiten von $\mathbf{x} \in P$ setzen wir daher

$$\mathbf{w} \leftarrow \mathbf{w} - \nabla f_{\mathbf{x}}(\mathbf{w}).$$

Die Klassifizierung mithilfe eines Zertifikats $(\mathbf{w}, \theta)$ (also wieder in der Betrachtung im $\mathbb{R}^n$) kann anhand der Abb. 3.3 dargestellt werden. In den Knoten v strömt die *gewichtete Summe* $\mathbf{w}^\mathsf{T}\mathbf{x}$ der Eingangswerte ein. Im Knoten v wird der *Schwellwert* θ subtrahiert und auf das Ergebnis die ReLU-Funktion[1] angewandt. Der erhaltene Wert $y := (\mathbf{w}^\mathsf{T}\mathbf{x}-\theta)_+$ wird vom Knoten v ausgegeben. Ist dann $y = 0$ bzw. $y > 0$, so wird $\mathbf{x}$ der Menge P_{-1} bzw. P_{+1} zugeordnet. Die in der Abb. 3.3 dargestellt Einheit nennt man *Perzeptron*, was auch der Namensgeber für den Algorithmus 3.1 ist.

---

[1] In der Literatur wird hier meist statt der ReLU-Funktion die Heaviside'sche Sprungfunktion verwendet.

Abb. 3.3 Das Perzeptron

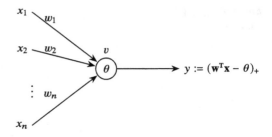

3.3   Lineare Trennung mehrerer Klassen

In diesem Abschnitt sei nun P eine disjunkte Vereinigung (im Sinne von Multimengen) von m nichtleeren endlichen Punktmengen im $\mathbb{R}^n$, die wir auch wieder als *Klassen* bezeichnen. Es sei also

$$P = P_1 \uplus \cdots \uplus P_m \,.$$

Wir setzen für $i \in [m]$

$$\overline{P}_i := P \setminus P_i \,.$$

Wir sagen, dass $P_1, \ldots, P_m$ im Sinne „*jeder gegen die anderen*" *linear trennbar* sind, wenn es Zertifikate $(\mathbf{w}_i, \theta_i)$, $i = 1, \ldots, m$, so gibt, dass für alle $i \in [m]$

$$\mathbf{w}_i^{\mathsf{T}}\mathbf{x} - \theta_i \begin{cases} \leq 0 \,, & \text{falls } \mathbf{x} \in \overline{P}_i \,, \\ > 0 \,, & \text{falls } \mathbf{x} \in P_i \end{cases}$$

gilt, dass also $\overline{P}_i$ und P_i für alle $i \in [m]$ linear trennbar sind, s. Abb. 3.4 im Beispiel $m = 3$.

Im Falle dieser linearen Trennbarkeit im Sinne „jeder gegen die anderen" können alle Zertifikate mit dem PLA ermittelt werden, wobei das im Algorithmus 3.1 auch gleich simultan durchgeführt werden kann. Die Menge $\overline{P}_i$ spielt hierbei die Rolle von P_{-1} und P_i die Rolle von P_{+1}.

Abb. 3.4 Lineare
Trennbarkeit von drei
Klassen im Sinne „jeder
gegen die anderen"

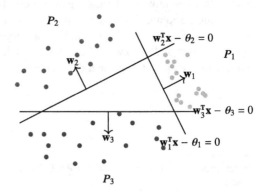

Mit diesen Zertifikaten kann dann ein Anwender für jeden Punkt $\mathbf{x} \in P$ mit geringstem Aufwand feststellen, in welcher Klasse P_{i*} dieser liegt. Der gesuchte Index i^* ist nämlich der einzige Index i, für den $\mathbf{w}_i^\mathsf{T}\mathbf{x} - \theta_i > 0$ gilt.

Mit etwas mehr Aufwand, kann man sogar noch besser trennen. Wir sagen, dass $P_1, \ldots, P_m$ im Sinne „jeder gegen jeden" linear trennbar sind, wenn es Zertifikate $(\mathbf{w}_{ij}, \theta_{ij})$, $1 \leq i < j \leq m$, so gibt, dass für alle i, j mit $1 \leq i < j \leq m$

$$\mathbf{w}_{ij}^\mathsf{T}\mathbf{x} - \theta_{ij} \begin{cases} \leq 0, & \text{falls } \mathbf{x} \in P_i, \\ > 0, & \text{falls } \mathbf{x} \in P_j \end{cases}$$

gilt, dass also P_i und P_j für alle i, j mit $1 \leq i < j \leq m$ linear trennbar sind. Abb. 3.5 zeigt ein Beispiel mit $m = 3$ für eine lineare Trennbarkeit im Sinne „jeder gegen jeden", für das aber eine lineare Trennbarkeit im Sinne „jeder gegen die anderen" nicht möglich ist (angedeutet durch die gestrichelten Geraden).

Für ein festes $\mathbf{x} \in P$ sagen wir, dass die Klasse P_k gegen die Klasse P_ℓ gewinnt, falls $\mathbf{w}_{\ell k}^\mathsf{T}\mathbf{x} - \theta_{\ell k} > 0$ und $\ell < k$ oder falls $\mathbf{w}_{k\ell}^\mathsf{T}\mathbf{x} - \theta_{k\ell} \leq 0$ und $k < \ell$ gilt. Anderenfalls sprechen wir vom Verlieren. Es sei für den Augenblick k^* ein fester Index. Gehört $\mathbf{x}$ zur Klasse P_{k^*}, so gewinnt P_{k^*} gegen alle anderen Klassen, also insgesamt $(m-1)$-mal. Liegt $\mathbf{x}$ in der Klasse P_k mit $k \neq k^*$, so verliert P_{k^*} gegen P_k. Also gewinnt P_{k^*} höchstens $(m-2)$-mal. Mit den Zertifikaten $(\mathbf{w}_{ij}, \theta_{ij})$, $1 \leq i < j \leq m$, kann daher ein Anwender für jeden Punkt $\mathbf{x} \in P$ mit geringem Aufwand feststellen, in welcher Klasse P_{k^*} dieser liegt. Der gesuchte Index k^* ist nämlich der einzige Index k, für den P_k genau $(m-1)$-mal gegen die anderen Klassen gewinnt.

Beim linearen Trennen im Sinne „jeder gegen die anderen" benötigt man m, also in m linear viele Zertifikate, beim linearen Trennen im Sinne „jeder gegen jeden" benötigt man $m(m-1)/2$, also in m quadratisch viele Zertifikate, was bei größeren m schon sehr aufwendig sein kann. Abschließend soll nun noch an einem Beispiel mit 10 Klassen dargestellt werden, dass der in m lineare Aufwand auch durch hierarchische Methoden aufrechterhalten werden kann, s. Abb. 3.6. Man nutzt dazu binäre Entscheidungsbäume, deren Knoten Teilmengen $A \subseteq [m]$ so repräsentieren, dass die zugehörigen Teilmengen der beiden Nachfolgerknoten eine Zerlegung dieser

Abb. 3.5 Lineare Trennbarkeit von drei Klassen im Sinne „jeder gegen jeden"

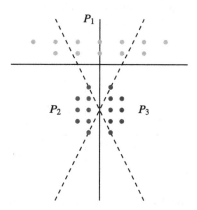

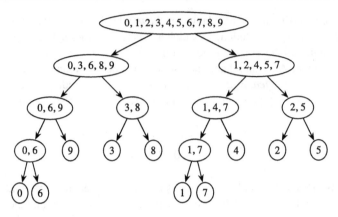

Abb. 3.6 Hierarchische lineare Trennung von 10 Klassen

Teilmenge in zwei Teilmengen B und C bilden. An einem solchen Knoten werden dann die Mengen $\cup_{i \in B} P_i$ sowie $\cup_{i \in C} P_i$ linear voneinander getrennt.

3.4 Quasi-lineare Trennung

Wie in Abschn. 2.3 können auch wieder gewisse „Nichtlinearitäten" zugelassen werden. Wir erinnern daran, dass geeignete Funktionen $\varphi_i : \mathbb{R}^n \to \mathbb{R}$, $i = 1, \ldots, N$, gewählt werden müssen, mit denen man zunächst die Punkte $\mathbf{x} \in \mathbb{R}^n$ durch die Punkte

$$\mathbf{y} := (\varphi_1(\mathbf{x}), \ldots, \varphi_N(\mathbf{x}))^{\mathsf{T}} \in \mathbb{R}^N$$

ersetzt, in Kurzschreibweise $\mathbf{y} := \boldsymbol{\varphi}(\mathbf{x})$. Die Mengen P_{-1} und P_{+1} heißen dann *quasi-linear trennbar*, wenn die Mengen $Q_i := \boldsymbol{\varphi}(P_i)$, $i \in \{-1, +1\}$, linear trennbar sind. In diesem Fall können die Zertifikate $(\mathbf{w}, \theta)$ für die Trennbarkeit von Q_{-1} und Q_{+1} mithilfe des PLA ermittelt werden. Die Zuordnung von $\mathbf{x} \in P$ zur richtigen Klasse geschieht dann analog mittels $\mathbf{w}^{\mathsf{T}} \boldsymbol{\varphi}(\mathbf{x}) - \theta$. Die Übertragung auf mehrere Klassen ist offensichtlich.

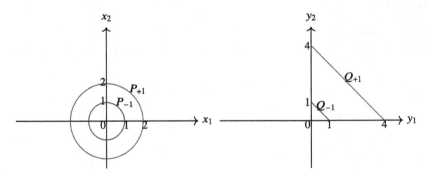

Abb. 3.7 Quasi-lineare Trennbarkeit von zwei konzentrischen Kreisen um den Ursprung

Zum Beispiel sind Punktmengen auf zwei konzentrischen Kreisen um den Ursprung i. Allg. nicht linear, aber immer quasi-linear trennbar, was man mit den Funktionen $y_1 = \varphi_1(x_1, x_2) := x_1^2$ und $y_2 = \varphi_2(x_1, x_2) := x_2^2$ erreichen kann, s. Abb. 3.7.

Die Fisher-Diskriminante

4

4.1   Elemente der quadratischen Optimierung

Im Folgenden betrachten wir quadratische Funktionen im $\mathbb{R}^n$ der Form

$$f(\mathbf{x}) := \frac{1}{2}\mathbf{x}^{\mathsf{T}}A\mathbf{x} + \mathbf{b}^{\mathsf{T}}\mathbf{x} + c \tag{4.1}$$

mit einer symmetrischen und positiv semidefiniten $(n \times n)$-Matrix A, einem Vektor $\mathbf{b} \in \mathbb{R}^n$ und einer Konstanten $c \in \mathbb{R}$.

> **Satz 4.1** *Es sei A symmetrisch und positiv semidefinit. Der Punkt $\mathbf{x}$ ist genau dann eine Minimalstelle von f, wenn $A\mathbf{x} + \mathbf{b} = \mathbf{0}$, d. h. $\nabla f(\mathbf{x}) = \mathbf{0}$, gilt.*

Beweis Zum Vergleich der Funktionswerte betrachten wir einen beliebigen Punkt $\mathbf{y} \in \mathbb{R}^n$. Wir setzen $\mathbf{z} := \mathbf{y} - \mathbf{x}$, haben also $\mathbf{y} = \mathbf{x} + \mathbf{z}$. Durch Einsetzen erhält man

$$\begin{aligned} f(\mathbf{y}) - f(\mathbf{x}) &= \frac{1}{2}(\mathbf{x}+\mathbf{z})^{\mathsf{T}}A(\mathbf{x}+\mathbf{z}) + \mathbf{b}^{\mathsf{T}}(\mathbf{x}+\mathbf{z}) + c - \left(\frac{1}{2}\mathbf{x}^{\mathsf{T}}A\mathbf{x} + \mathbf{b}^{\mathsf{T}}\mathbf{x} + c\right) \\ &= \frac{1}{2}\mathbf{z}^{\mathsf{T}}A\mathbf{z} + \mathbf{z}^{\mathsf{T}}(A\mathbf{x}+\mathbf{b}) . \end{aligned} \tag{4.2}$$

Notwendigkeit: Es sei $\mathbf{x}$ eine Minimalstelle von f. Angenommen, $A\mathbf{x}+\mathbf{b} \neq \mathbf{0}$. Wir setzen $\mathbf{h} := -(A\mathbf{x}+\mathbf{b})$ und $\mathbf{z}(\lambda) := \lambda\mathbf{h}$. Dann gilt für $\mathbf{y}(\lambda) := \mathbf{x}+\mathbf{z}(\lambda)$ wegen (4.2)

$$f(\mathbf{y}(\lambda)) - f(\mathbf{x}) = \frac{\lambda^2}{2}\mathbf{h}^{\mathsf{T}}A\mathbf{h} - \lambda\mathbf{h}^{\mathsf{T}}\mathbf{h}$$

K. Engel, *Mathematische Grundlagen des überwachten maschinellen Lernens*, https://doi.org/10.1007/978-3-662-68134-3_4

und damit

$$\lim_{\lambda \to +0} \frac{f(\mathbf{y}(\lambda)) - f(\mathbf{x})}{\lambda} = -\|\mathbf{h}\|^2 < 0 \,.$$

Für hinreichend kleine positive λ ist also $f(\mathbf{y}(\lambda)) < f(\mathbf{x})$ im Widerspruch dazu, dass $\mathbf{x}$ Minimalstelle ist.

Hinlänglichkeit: Es sei $A\mathbf{x} + \mathbf{b} = \mathbf{0}$. Wegen (4.2) und der positiven Semidefinitheit von A gilt für alle $\mathbf{y} \in \mathbb{R}^n$

$$f(\mathbf{y}) - f(\mathbf{x}) = \frac{1}{2}\mathbf{z}^{\mathsf{T}}A\mathbf{z} \geq 0 \,,$$

also ist $\mathbf{x}$ eine Minimalstelle. □

In diesem Kapitel müssen wir auch noch eine lineare Nebenbedingung zulassen, wobei wir uns in der Zielfunktion auf quadratische Terme beschränken können, also mit

$$f(\mathbf{x}) := \frac{1}{2}\mathbf{x}^{\mathsf{T}}A\mathbf{x}$$

arbeiten, wobei wieder A symmetrisch und positiv semidefinit ist. Wir betrachten das Problem

$$\min\{f(\mathbf{x}) : \mathbf{b}^{\mathsf{T}}\mathbf{x} = c\} \,. \tag{4.3}$$

Wir nennen den Punkt $\mathbf{x} \in \mathbb{R}^n$ *zulässig für* (4.3), wenn $\mathbf{b}^{\mathsf{T}}\mathbf{x} = c$ gilt. Für $\mathbf{b} = \mathbf{0}$ muss offenbar $c = 0$ sein, damit es zulässige Lösungen gibt. Dann ist aber die Nebenbedingung redundant und Satz 4.1 anwendbar. Wir setzen also $\mathbf{b} \neq \mathbf{0}$ voraus.

Satz 4.2 *Es sei A symmetrisch und positiv semidefinit und* $\mathbf{b} \neq \mathbf{0}$. *Der Punkt* $\mathbf{x}$ *ist genau dann eine Minimalstelle vom Problem* (4.3), *wenn* $\mathbf{x}$ *zulässig ist und* $A\mathbf{x} = \beta\mathbf{b}$ *mit einem geeigneten* $\beta \in \mathbb{R}$ *gilt.*

Beweis Der vorige Beweis braucht nur etwas angepasst zu werden. Wie am Anfang von Abschn. 3.1 sei

$$U := \{\mathbf{x} \in \mathbb{R}^n : \mathbf{b}^{\mathsf{T}}\mathbf{x} = 0\} \,.$$

Dann gilt

$$U^{\perp} = \{\beta\mathbf{b} : \beta \in \mathbb{R}\} \,.$$

Wir setzen wieder $\mathbf{z} := \mathbf{y} - \mathbf{x}$, haben also $\mathbf{y} = \mathbf{x} + \mathbf{z}$ sowie

$$f(\mathbf{y}) - f(\mathbf{x}) = \frac{1}{2}\mathbf{z}^{\mathsf{T}}A\mathbf{z} + \mathbf{z}^{\mathsf{T}}A\mathbf{x} \,. \tag{4.4}$$

Notwendigkeit: Es sei $\mathbf{x}$ eine (zulässige) Minimalstelle von f. Angenommen, es gibt kein $\beta \in \mathbb{R}$ so, dass $A\mathbf{x} = \beta\mathbf{b}$ gilt. Dann ist $A\mathbf{x} \notin U^{\perp}$. Insbesondere ist dann $\mathbf{h} := (A\mathbf{x})_U \neq \mathbf{0}$. Wegen $\mathbf{h} \in U$ und $\mathbf{b} \in U^{\perp}$ ist $\mathbf{b}^{\mathsf{T}}\mathbf{h} = 0$. Außerdem ist $A\mathbf{x} - \mathbf{h} \in U^{\perp}$, also $\mathbf{h}^{\mathsf{T}}(A\mathbf{x} - \mathbf{h}) = 0$ und es folgt

$$\mathbf{h}^{\mathsf{T}}A\mathbf{x} = \mathbf{h}^{\mathsf{T}}\mathbf{h} = \|\mathbf{h}\|^2 > 0. \tag{4.5}$$

Wir setzen $\mathbf{z}(\lambda) := -\lambda\mathbf{h}$ und $\mathbf{y}(\lambda) := \mathbf{x} + \mathbf{z}(\lambda)$. Wegen $\mathbf{b}^{\mathsf{T}}\mathbf{h} = 0$ ist $\mathbf{y}(\lambda)$ zulässig für alle $\lambda \in \mathbb{R}$. Es folgt wegen (4.4) und (4.5)

$$f(\mathbf{y}(\lambda)) - f(\mathbf{x}) = \frac{\lambda^2}{2}\mathbf{h}^{\mathsf{T}}A\mathbf{h} - \lambda\mathbf{h}^{\mathsf{T}}A\mathbf{x} = \frac{\lambda^2}{2}\mathbf{h}^{\mathsf{T}}A\mathbf{h} - \lambda\|\mathbf{h}\|^2$$

und damit

$$\lim_{\lambda \to +0} \frac{f(\mathbf{y}(\lambda)) - f(\mathbf{x})}{\lambda} = -\|\mathbf{h}\|^2 < 0.$$

Für hinreichend kleine positive λ ist also $f(\mathbf{y}(\lambda)) < f(\mathbf{x})$ im Widerspruch dazu, dass $\mathbf{x}$ (zulässige) Minimalstelle ist.

Hinlänglichkeit: Es sei $\mathbf{x}$ zulässig und $A\mathbf{x} = \beta\mathbf{b}$ mit einem geeigneten $\beta \in \mathbb{R}$. Weiterhin sei $\mathbf{y}$ ein beliebiger zulässiger Punkt und $\mathbf{z} := \mathbf{y} - \mathbf{x}$. Dann ist $\mathbf{z} \in U$ und daher $\mathbf{z}^{\mathsf{T}}\mathbf{b} = 0$ (beachte $\mathbf{b} \in U^{\perp}$). Wegen (4.4) und der positiven Semidefinitheit von A gilt für alle $\mathbf{y} \in \mathbb{R}^n$

$$f(\mathbf{y}) - f(\mathbf{x}) = \frac{1}{2}\mathbf{z}^{\mathsf{T}}A\mathbf{z} + \mathbf{z}^{\mathsf{T}}\beta\mathbf{b} = \frac{1}{2}\mathbf{z}^{\mathsf{T}}A\mathbf{z} \geq 0,$$

also ist $\mathbf{x}$ eine (zulässige) Minimalstelle. □

Im Folgenden sei U (im Unterschied zum obigen Beweis) der Kern von A, also $U := \{\mathbf{x} \in \mathbb{R}^n : A\mathbf{x} = \mathbf{0}\}$. Dann ist wegen Satz 1.6 $U^{\perp}$ der Zeilenraum von A. Ist A symmetrisch, so ist $U^{\perp}$ auch der Spaltenraum von A.

Lemma 4.1 *Es sei A symmetrisch und positiv semidefinit und* $\mathrm{rg}(A) < \mathrm{rg}(A|\mathbf{b})$. *Dann ist der optimale Wert der Zielfunktion von (4.3) gleich* 0.

Beweis Da $\mathbf{b}$ nicht im Spaltenraum von A liegt, ist $\mathbf{b} = \mathbf{b}_U + \mathbf{b}_{U^{\perp}}$ mit $\mathbf{b}_U \neq 0$. Wir setzen $\mathbf{x}_o := (c/\|\mathbf{b}_U\|^2)\mathbf{b}_U$. Wegen $\mathbf{b}^{\mathsf{T}}\mathbf{b}_U = \|\mathbf{b}_U\|^2$ ist $\mathbf{x}_o$ zulässig und es gilt $f(\mathbf{x}_o) = \frac{1}{2}\mathbf{x}_o(A\mathbf{x}_o) = 0$ (im Satz 4.2 ist $\beta = 0$). □

Im Folgenden werden wir immer $\mathrm{rg}(A) = \mathrm{rg}(A|\mathbf{b})$ voraussetzen.

Lemma 4.2 *Es sei A symmetrisch und positiv semidefinit, $\mathrm{rg}(A) = \mathrm{rg}(A|\mathbf{b})$ und $\mathbf{b} \neq \mathbf{0}$. Weiterhin sei $\mathbf{x}$ eine beliebige Lösung von $A\mathbf{x} = \mathbf{b}$. Dann gilt $\mathbf{b}^\mathsf{T}\mathbf{x} \neq 0$ und $\mathbf{x}_o := \frac{c}{\mathbf{b}^\mathsf{T}\mathbf{x}}\mathbf{x}$ ist eine optimale Lösung von (4.3).*

Beweis Angenommen, es ist $\mathbf{b}^\mathsf{T}\mathbf{x} = 0$. Dann gilt $\mathbf{x}^\mathsf{T}A\mathbf{x} = 0$ und wegen Satz 1.12 $A\mathbf{x} = \mathbf{0}$, also $\mathbf{b} = \mathbf{0}$, was der Voraussetzung widerspricht. Die Behauptung zur Optimalität folgt sofort aus Satz 4.2 mit $\beta := c/\mathbf{b}^\mathsf{T}\mathbf{x}$. $\square$

Unter den angegebenen Voraussetzungen erhält man also eine optimale Lösung von (4.3) durch Lösung von $A\mathbf{x} = \mathbf{b}$ und anschließende Skalierung.

Ist A symmetrisch und positiv definit, so ist das Standardverfahren für die Lösung des Gleichungssystems $A\mathbf{x} = \mathbf{b}$ das Cholesky-Verfahren (siehe z. B. [6, 12]). Sind jedoch einige Eigenwerte sehr nahe an 0 oder sogar gleich 0 (d. h., ist A nur positiv semidefinit), so kann das Cholesky-Verfahren numerische Schwierigkeiten bereiten. In diesem Verfahren muss man mehrfach Wurzeln aus gewissen Werten ziehen, die zwar theoretisch nichtnegativ sind, numerisch aber kleiner als null sein können, was dann Fehlermeldungen erzeugt. Deswegen wählt man ein geeignetes kleines $\varepsilon > 0$, ersetzt A durch $A + \varepsilon E$, vergrößert also die Eigenwerte um ε, und berechnet die Lösung $\mathbf{x}(\varepsilon)$ von $(A + \varepsilon E)\mathbf{x} = \mathbf{b}$. Diese Methode heißt *Tikhonov-Regularisierung*. Für die ursprüngliche Funktion (4.1) bedeutet die Ersetzung von A durch $(A + \varepsilon E)$ die Hinzunahme des Terms $\frac{\varepsilon}{2}\|\mathbf{x}\|^2$. Diese Methode soll nun begründet werden. Dazu benötigen wir einige Vorbereitungen, insbesondere die Lösung minimaler Norm.

Mit $r := \mathrm{rg}(A)$ haben U und $U^\perp$ nach Satz 1.4 die Dimension $n - r$ bzw. r, wobei wir die Zeilen wie immer als Spalten schreiben. Es sei $\{\mathbf{b}_1, \ldots, \mathbf{b}_{n-r}\}$ eine Basis von U (die wir z. B. mit dem Gauß-Algorithmus finden können) und B die aus diesen Spaltenvektoren gebildete Matrix. Die Matrix, die durch Untereinanderschreiben von A und B^T entsteht, hat den Rang $(r + (n - r) =)n$, denn wegen Satz 1.6 können wir jeden Vektor $\mathbf{x} \in \mathbb{R}^n$ als Linearkombination der Zeilenvektoren von A und B^T darstellen, also hat der Zeilenraum dieser so gebildeten Matrix die Dimension n und Satz 1.4 impliziert den Rang n. Wegen $\mathrm{rg}(A) = \mathrm{rg}(A|\mathbf{b})$ gibt es eine eindeutige Lösung $\mathbf{x}^*$ des linearen Gleichungssystems

$$\begin{aligned} A\mathbf{x} &= \mathbf{b}\,, \\ B^\mathsf{T}\mathbf{x} &= \mathbf{0}\,, \end{aligned} \tag{4.6}$$

denn es entsteht die erweiterte Koeffizientenmatrix durch Untereinanderschreiben von $(A|\mathbf{b})$ vom Rang r und der Matrix $(B^\mathsf{T}|\mathbf{0})$ aus $n - r$ Zeilen und hat somit ebenfalls den Rang n. Man beachte, dass $\mathbf{x}^* \in U^\perp$ gilt.

Lemma 4.3 *Es sei* $\mathrm{rg}(A) = \mathrm{rg}(A|\mathbf{b})$. *Dann hat das lineare Gleichungssystem* $A\mathbf{x} = \mathbf{b}$ *eine eindeutige Lösung mit minimaler Norm und diese ist durch die eindeutige Lösung* $\mathbf{x}^*$ *von (4.6) gegeben.*

Beweis Da offenbar $\mathbf{x}^*$ eine spezielle Lösung von $A\mathbf{x} = \mathbf{b}$ ist, kann man eine beliebige Lösung $\mathbf{x}$ dieses Gleichungssystems in der Form $\mathbf{x} = \mathbf{x}^* + \mathbf{u}$ mit $\mathbf{u} \in U$ schreiben. Wegen $\mathbf{x}^* \in U^\perp$ und (1.2) gilt $\|\mathbf{x}\|^2 = \|\mathbf{x}^*\|^2 + \|\mathbf{u}\|^2$ und $\|\mathbf{x}\|^2$ ist genau dann minimal, wenn $\|\mathbf{u}\|^2 = 0$, also $\mathbf{u} = \mathbf{0}$ und damit $\mathbf{x} = \mathbf{x}^*$ ist. $\qquad\square$

Der folgende Satz besagt, dass die durch die Tikhonov-Regularisierung erhaltene Lösung $\mathbf{x}(\varepsilon)$ eine gute Approximation und im Grenzwert sogar eine Lösung minimaler Norm liefert.

Satz 4.3 *Es sei* A *symmetrisch und positiv semidefinit,* $\mathrm{rg}(A) = \mathrm{rg}(A|\mathbf{b})$ *und für alle* $\varepsilon > 0$ *sei* $\mathbf{x}(\varepsilon)$ *die eindeutige Lösung von* $(A + \varepsilon E)\mathbf{x} = \mathbf{b}$. *Weiterhin sei* $\mathbf{x}^*$ *die eindeutige Lösung minimaler Norm von* $A\mathbf{x} = \mathbf{b}$. *Dann gilt*

$$\lim_{\varepsilon \to +0} \mathbf{x}(\varepsilon) = \mathbf{x}^* .$$

Beweis Es sei wieder $r := \mathrm{rg}(A)$. Weiterhin seien $\lambda_1, \ldots, \lambda_n$ die Eigenwerte von A mit $\lambda_1 \geq \cdots \geq \lambda_r > \lambda_{r+1} = \cdots = \lambda_n = 0$ und es seien $\mathbf{e}_1, \ldots, \mathbf{e}_n$ dazugehörende orthonormierte Eigenvektoren. Dann ist $\{\mathbf{e}_{r+1}, \ldots, \mathbf{e}_n\}$ eine Basis von U sowie $\{\mathbf{e}_1, \ldots, \mathbf{e}_r\}$ eine Basis von $U^\perp$. Wegen $\mathrm{rg}(A) = \mathrm{rg}(A|\mathbf{b})$ gilt $\mathbf{b} \in U^\perp$ und wegen $\mathbf{x}(\varepsilon) = (1/\varepsilon)(\mathbf{b} - A\mathbf{x}(\varepsilon))$ ist auch $\mathbf{x}(\varepsilon) \in U^\perp$. Wir können also $\mathbf{b}$ sowie $\mathbf{x}(\varepsilon)$ als Linearkombination der Basisvektoren von $U^\perp$ darstellen:

$$\mathbf{b} = \sum_{i=1}^r \beta_i \mathbf{e}_i , \quad \mathbf{x}(\varepsilon) = \sum_{i=1}^r \xi_i(\varepsilon) \mathbf{e}_i .$$

Es ist dann

$$(A + \varepsilon E)\mathbf{x}(\varepsilon) = \sum_{i=1}^r (\lambda_i + \varepsilon)\xi_i(\varepsilon)\mathbf{e}_i$$

und durch Koeffizientenvergleich erhalten wir $\beta_i = (\lambda_i + \varepsilon)\xi_i(\varepsilon)$ für alle $i \in [r]$. Für genügend kleine $\varepsilon > 0$ folgt daraus $\xi_i(\varepsilon) = \beta_i / (\lambda_i + \varepsilon)$ für alle $i \in [r]$, d. h.

$$\mathbf{x}(\varepsilon) = \sum_{i=1}^r \frac{\beta_i}{(\lambda_i + \varepsilon)} \mathbf{e}_i .$$

Also existiert der Grenzwert

$$\lim_{\varepsilon \to +0} \mathbf{x}(\varepsilon) = \sum_{i=1}^{r} \frac{\beta_i}{\lambda_i} \mathbf{e}_i \,.$$

Offenbar liegt dieser in $U^\perp$ und erfüllt die Gleichung $A\mathbf{x} = \mathbf{b}$, also ist er wegen Lemma 4.3 gleich $\mathbf{x}^*$. □

Bemerkung 4.1 Für $\mathrm{rg}(A) < \mathrm{rg}(A|\mathbf{b})$ hätte man $\mathbf{x}(\varepsilon) = \sum_{i=1}^{r} \xi_i(\varepsilon)\mathbf{e}_i + \frac{1}{\varepsilon} \sum_{i=r+1}^{n} \beta_i \mathbf{e}_i$ und $\mathbf{x}(\varepsilon)$ würde für $\varepsilon \to +0$ divergieren.

Zum Abschluss dieses Abschnittes betrachten wir noch Funktionen der Form

$$f(\mathbf{x}) := \frac{\mathbf{x}^{\mathsf{T}} A \mathbf{x}}{(\mathbf{b}^{\mathsf{T}} \mathbf{x})^2}$$

und lösen das Problem

$$\min\{f(\mathbf{x}) : \mathbf{x} \in \mathbb{R}^n, \mathbf{b}^{\mathsf{T}}\mathbf{x} \neq 0\}\,. \tag{4.7}$$

Der folgende Satz besagt, dass wir das Problem (4.7) auf das Problem (4.3) zurückführen können und damit schon die Lösungsmethode zur Verfügung haben.

Satz 4.4 *Es sei A symmetrisch und positiv semidefinit. Weiterhin sei $\mathbf{b}^{\mathsf{T}}\mathbf{x} \neq 0$. Es ist $\mathbf{x}$ genau dann eine Minimalstelle für (4.7), wenn $(1/\mathbf{b}^{\mathsf{T}}\mathbf{x})\mathbf{x}$ eine Minimalstelle für (4.3) mit $c = 1$ ist.*

Beweis Offenbar gilt für alle $\lambda \neq 0$ die Homogenitätsgleichung $f(\lambda\mathbf{x}) = f(\mathbf{x})$. Es ist also $\mathbf{x}$ genau dann Minimalstelle für (4.7), wenn $\mathbf{x}^* := (1/\mathbf{b}^{\mathsf{T}}\mathbf{x})\mathbf{x}$ eine Minimalstelle für (4.7) ist und das ist wiederum genau dann der Fall, wenn $\mathbf{x}^*$ eine Minimalstelle für (4.3) mit $c = 1$ ist. □

Folgerung 4.1 *Es sei A symmetrisch und positiv semidefinit, $\mathrm{rg}(A) = \mathrm{rg}(A|\mathbf{b})$ und $\mathbf{b} \neq \mathbf{0}$. Dann ist jede Lösung von $A\mathbf{x} = \mathbf{b}$ eine optimale Lösung für (4.7).*

Beweis Der Beweis ergibt sich sofort aus Lemma 4.2 und Satz 4.4. □

4.2 Angenäherte lineare Trennung zweier Klassen

Wie in Abschn. 3.2 sei nun wieder eine endliche Punktmenge $P \subseteq \mathbb{R}^n$ in der Form $P = P_{-1} \uplus P_{+1}$ mit den zwei Klassen P_{-1} und P_{+1} gegeben. Zur Abkürzung der Darstellung setzen wir noch $P_0 := P$ und $p_i := |P_i|, i \in \{-1, 0, +1\}$. Wenn wir uns auf P beziehen, dann benutzen wir aber hier und im Folgenden nur dann den Index 0, wenn wir gleich alle drei Punktmengen einschließen.

Wir setzen nicht mehr voraus, dass die Klassen P_{-1} und P_{+1} linear trennbar sind, denn in der Praxis ist das häufig nicht gegeben – selbst mit der Idee der quasi-linearen Trennung aus Abschn. 3.4 nicht. Trotzdem wollen wir die Klassen „möglichst gut" linear trennen. Hierfür werden wir drei parallele Hyperebenen H_i verwenden, die den jeweiligen Mittelwert μ_i der Klasse P_i (also kurz μ_i statt $\mu(P_i)$) enthalten, $i \in \{-1, 0, +1\}$. Es sei also mit noch unbekanntem $\mathbf{w} \neq \mathbf{0}$ für $i \in \{-1, 0, +1\}$

$$H_i := \{\mathbf{x} \in \mathbb{R}^n : \mathbf{w}^{\mathrm{T}}(\mathbf{x} - \mu_i) = 0\} .$$

Mit $U := \{\mathbf{x} \in \mathbb{R}^n : \mathbf{w}^{\mathrm{T}}\mathbf{x} = 0\}$ gilt also für $i \in \{-1, 0, +1\}$

$$H_i = \mu_i + U .$$

Im Sinne von Abschn. 2.1 sei $\pi_i(\mathbf{x})$ bzw. $\pi_i^{\perp}(\mathbf{x})$ die orthogonale Projektion von $\mathbf{x}$ auf H_i bzw. $H_i^{\perp}, i \in \{-1, 0, +1\}$. Da wegen (2.10) und (2.11) die totalen Varianzen der orthogonalen Projektionen nur von U abhängen, betrachten wir im Folgenden nur die Projektionen auf H bzw. $H^{\perp}$, s. dazu Abb. 4.1. Aus (3.3) erhalten wir, dass jeder Punkt aus H_{+1} den folgenden Abstand zu H_{-1} hat (also den Abstand zwischen den parallelen Hyperebenen H_{-1} und H_{+1}):

$$d(H_{-1}, H_{+1}) = \frac{|\mathbf{w}^{\mathrm{T}}(\mu_{+1} - \mu_{-1})|}{\|\mathbf{w}\|} . \tag{4.8}$$

Für eine „gute Trennbarkeit" ist ein großer Abstand zwischen H_{-1} und H_{+1} wünschenswert, deswegen arbeiten wir nicht mit den totalen Varianzen selbst, sondern „normieren" diese noch mit dem Quadrat des Abstandes, d. h. dividieren durch $d(H_{-1}, H_{+1})^2$. Es ist das Ziel, dass die mit den Mächtigkeiten gewichtete Summe der normierten totalen Varianzen der orthogonalen Projektionen von P_{-1} und P_{+1} auf $H^{\perp}$ minimal ist. Da $H^{\perp}$ eindimensional ist, könnten wir auch einfach von Varianzen sprechen. Wegen $U^{\perp} = \{\lambda \mathbf{w} : \lambda \in \mathbb{R}\}$ bildet der normierte Vektor $(1/\|\mathbf{w}\|)\mathbf{w}$ bereits eine orthonormierte Basis von $U^{\perp}$. Aus (2.9) und Lemma 2.3, beide angewandt auf $U^{\perp}$ statt auf U, erhalten wir für $i \in \{-1, 0, +1\}$

$$V(\pi^{\perp}(P_i)) = V((P_i)_{U^{\perp}}) = \frac{1}{\|\mathbf{w}\|^2}\mathbf{w}^{\mathrm{T}}C_i\mathbf{w}$$

mit

$$C_i := \frac{1}{p_i}\sum_{\mathbf{x} \in P_i}(\mathbf{x} - \mu_i)(\mathbf{x} - \mu_i)^{\mathrm{T}} .$$

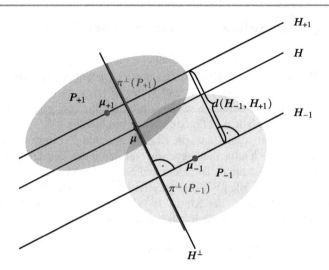

Abb. 4.1 Orthogonale Projektionen von zwei Punktmengen auf eine Gerade

Setzt man

$$A := \sum_{\mathbf{x} \in P_{-1}} (\mathbf{x} - \boldsymbol{\mu}_{-1})(\mathbf{x} - \boldsymbol{\mu}_{-1})^{\mathsf{T}} + \sum_{\mathbf{x} \in P_{+1}} (\mathbf{x} - \boldsymbol{\mu}_{+1})(\mathbf{x} - \boldsymbol{\mu}_{+1})^{\mathsf{T}},$$

so gilt $A = p_{-1}C_{-1} + p_{+1}C_{+1}$, und die mit den Mächtigkeiten gewichtete Summe der (totalen) Varianzen der orthogonalen Projektionen von P_{-1} und P_{+1} auf $H^{\perp}$ ist durch $(1/\|\mathbf{w}\|^2)\mathbf{w}^{\mathsf{T}}A\mathbf{w}$ gegeben. Nach dem Normieren mit $1/d(H_{-1}, H_{+1})^2$ und Erweitern mit $\|\mathbf{w}\|^2$ ist somit wegen (4.8) die folgende Funktion f zu minimieren[1]:

$$f(\mathbf{w}) := \frac{\mathbf{w}^{\mathsf{T}}A\mathbf{w}}{(\mathbf{w}^{\mathsf{T}}(\boldsymbol{\mu}_{+1} - \boldsymbol{\mu}_{-1}))^2} .$$

Wir können $\mathbf{w}^{\mathsf{T}}(\boldsymbol{\mu}_{+1} - \boldsymbol{\mu}_{-1}) \neq 0$ fordern, da sonst die Hyperebenen $H_i, i \in \{-1, 0, +1\}$, zusammenfallen würden und deswegen eine sinnvolle Trennung nicht möglich wäre. Da außerdem A symmetrisch und positiv semidefinit ist, können wir Satz 4.4, gegebenenfalls Folgerung 4.1 und insgesamt die Ergebnisse und Methoden aus Abschn. 4.1 einschließlich der Tikhonov-Regularisierung zur Minimierung von $f(\mathbf{w})$ verwenden, wobei dort der Variablenvektor $\mathbf{x}$ durch den Variablenvektor $\mathbf{w}$ ersetzt und $\mathbf{b} := \boldsymbol{\mu}_{+1} - \boldsymbol{\mu}_{-1}$ gesetzt werden muss. Für die angenäherte Trennung verwenden wir dann nach der optimalen Wahl von $\mathbf{w}$ die Hyperebene H, d. h., wir klassifizieren mit der Funktion

$$D(\mathbf{x}) := \mathbf{w}^{\mathsf{T}}(\mathbf{x} - \boldsymbol{\mu}_0) ,$$

---

[1] Der Zähler wird auch *Intravarianz* genannt und der Nenner ist bis auf einen Faktor die *Intervarianz*.

die natürlich auch in der Form $D(\mathbf{x}) = \mathbf{w}^{\mathsf{T}}\mathbf{x} - \theta$ geschrieben werden kann, wenn man $\theta := \mathbf{w}^{\mathsf{T}}\boldsymbol{\mu}_0$ setzt. Diese Funktion heißt *Fisher-Diskriminante*.

Wir machen darauf aufmerksam, dass bei sehr kleinen Datensätzen $\mathrm{rg}(A) < \mathrm{rg}(A|\mathbf{b})$ sein kann, z.B., wenn P_{-1} und P_{+1} beide nur aus einem Punkt bestehen und $\boldsymbol{\mu}_{+1} \neq \boldsymbol{\mu}_{-1}$ gilt. Dann ist nämlich A die Nullmatrix und $\mathbf{b} \neq \mathbf{0}$. Es sollte daher in einem vorbereitenden Schritt die Gleichheit $\mathrm{rg}(A) = \mathrm{rg}(A|\mathbf{b})$, z.B. mit dem Gauß-Algorithmus, überprüft werden. Wenn man dies nicht tut, dann würde man die Verletzung dieser Bedingung daran erkennen, dass die Norm von $\mathbf{w}$ im folgenden Algorithmus wegen Bemerkung 4.1 unnatürlich groß wird.

Abschließend sei noch darauf hingewiesen, dass wir auch die Mächtigkeiten der gewichteten Summe der normierten totalen Varianzen der orthogonalen Projektionen von P_{-1} und P_{+1} auf H maximieren hätten können. Wegen (2.13) haben beide Optimierungsprobleme gleiche optimale Lösungen.

4.3 Der Algorithmus zur angenäherten linearen Trennung von zwei Klassen

Aufgrund der Ergebnisse des vorigen Abschnittes können wir den Algorithmus zur Berechnung der Fisher-Diskriminante wie folgt darstellen:

Algorithmus 4.1 Algorithmus zur Berechnung der Fisher-Diskriminante

Eingabe: Punktmengen $P_{-1}, P_{+1} \subseteq \mathbb{R}^n$ und „kleines" $\varepsilon > 0$

$P_0 \leftarrow P_{-1} \cup P_{+1}$.

for all $i \in \{-1, 0, +1\}$ **do**

$\quad \boldsymbol{\mu}_i \leftarrow \frac{1}{|P_i|} \sum_{\mathbf{x} \in P_i} \mathbf{x}$.

end for

$\mathbf{b} \leftarrow \boldsymbol{\mu}_{+1} - \boldsymbol{\mu}_{-1}$.

$A \leftarrow \sum_{\mathbf{x} \in P_{-1}} (\mathbf{x} - \boldsymbol{\mu}_{-1})(\mathbf{x} - \boldsymbol{\mu}_{-1})^{\mathsf{T}} + \sum_{\mathbf{x} \in P_{+1}} (\mathbf{x} - \boldsymbol{\mu}_{+1})(\mathbf{x} - \boldsymbol{\mu}_{+1})^{\mathsf{T}}$.

$\mathbf{w} \leftarrow$ Lösung von $(A + \varepsilon E)\mathbf{w} = \mathbf{b}$ (z.B. mittels Cholesky-Verfahren).

$\theta \leftarrow \mathbf{w}^{\mathsf{T}}\boldsymbol{\mu}_0$.

Ausgabe: $(\mathbf{w}, \theta)$

Die Klassifizierung verläuft dann wie folgt: Es sei o.B.d.A. $\mathbf{w}^{\mathsf{T}}\boldsymbol{\mu}_{+1} > \mathbf{w}^{\mathsf{T}}\boldsymbol{\mu}_{-1}$ (sonst könnte man die Indizes einfach vertauschen). Ein Anwender, der von einem Punkt $\mathbf{x} \in P$ nicht weiß, ob er in P_{-1} oder P_{+1} liegt, ordnet diesen Punkt $\mathbf{x}$ dann wie folgt (eventuell fehlerhaft) einer Klasse zu:

$$\mathbf{x} \to \begin{cases} P_{-1}\,, & \text{falls } \mathbf{w}^{\mathsf{T}}\mathbf{x} - \theta \leq 0\,, \\ P_{+1}\,, & \text{falls } \mathbf{w}^{\mathsf{T}}\mathbf{x} - \theta > 0\,. \end{cases}$$

Natürlich kann man auch wieder den quasi-linearen Ansatz aus Abschn. 3.4 verwenden, es muss dann nur überall $\mathbf{x}$ durch $\boldsymbol{\varphi}(\mathbf{x})$ mit einem geeignet gewählten φ ersetzt werden.

Übrigens kommt man zum gleichen Algorithmus 4.1 und damit zur Fisher-Diskriminante auch mit einem etwas anderen Ansatz: Wir erinnern an die Festlegung (3.5), definieren sogenannte *Targetwerte* $t_{-1} := -\frac{p}{p_{-1}}$ und $t_{+1} := \frac{p}{p_{+1}}$ und betrachten die zu minimierende Funktion

$$F(\mathbf{w}, \theta) := \sum_{\mathbf{x} \in P} (\mathbf{w}^{\mathsf{T}} \mathbf{x} - \theta - t_{\chi(\mathbf{x})})^2 .$$

Bei der Darstellung in der Form (4.1) und Minimierung mittels Satz 4.1 führt das dann für die Berechnung von $\mathbf{w}$ zwar zunächst auf die Matrix $A' := \sum_{\mathbf{x} \in P} (\mathbf{x} - \boldsymbol{\mu})$ $(\mathbf{x} - \boldsymbol{\mu})^{\mathsf{T}}$, aber unter Berücksichtigung von $p\boldsymbol{\mu} = p_{-1}\boldsymbol{\mu}_{-1} + p_{+1}\boldsymbol{\mu}_{+1}$ kann man zeigen, dass $A' = A + \frac{p_{-1}p_{+1}}{p}\mathbf{b}\mathbf{b}^{\mathsf{T}}$ gilt und damit erfüllt jede Lösung von $A\mathbf{x} = \mathbf{b}$ das System $A'\mathbf{x} = (1 + \frac{p_{-1}p_{+1}}{p}\mathbf{b}^{\mathsf{T}}\mathbf{x})\mathbf{b}$ und wegen $\mathbf{b}^{\mathsf{T}}\mathbf{x} = \mathbf{x}^{\mathsf{T}}A\mathbf{x} \geq 0$ erfüllt ein skalares Vielfaches einer beliebigen Lösung von $A\mathbf{x} = \mathbf{b}$ das System $A'\mathbf{x} = \mathbf{b}$. Die Klassifizierung wird aber nicht durch die Bildung von skalaren Vielfachen beeinflusst.

4.4   Der Fall mehrerer Klassen

Die Herangehensweise aus Abschn. 3.3 lässt sich sofort übertragen und wir nutzen deswegen dieselben Bezeichnungen. Im Sinne von „jeder gegen die anderen" haben wir dann m Fisher-Diskriminanten, die durch $(\mathbf{w}_i, \theta_i)$, $i \in [m]$, gegeben sind. Da die lineare Trennung aber nur angenähert durchgeführt worden ist, kann man nicht mehr sicherstellen, dass es zu jedem $\mathbf{x}$ genau ein $i \in [m]$ so gibt, dass $\mathbf{w}_i^{\mathsf{T}}\mathbf{x} - \theta_i > 0$ gilt. Das folgende heuristische Argument ist aber naheliegend: Je größer der vorzeichenbehaftete Abstand von $\mathbf{x}$ zu einer durch $\mathbf{w}_i^{\mathsf{T}}\mathbf{x} - \theta_i = 0$ gegebenen Hyperebene ist, desto mehr spricht für die Zugehörigkeit von $\mathbf{x}$ zur Klasse P_i. Wegen (3.4) wird also ein Anwender $\mathbf{x} \in P$ derjenigen Klasse P_{i*} zuordnen, für die

$$i^* := \operatorname{argmax} \left\{ \frac{\mathbf{w}_i^{\mathsf{T}}\mathbf{x} - \theta_i}{\|\mathbf{w}_i\|} \right\}$$

gilt.

In ähnlicher Weise kann man im Sinne „jeder gegen jeden" verfahren, wo dann $(\mathbf{w}_{ij}, \theta_{ij})$, $1 \leq i < j \leq m$, berechnet werden müssen. Hier kann man nicht sicherstellen, dass es genau eine Klasse P_k gibt, die genau $(m-1)$-mal gewinnt. Je öfter aber eine Klasse gewinnt, desto mehr spricht für die Zugehörigkeit von $\mathbf{x}$ zur Klasse P_k. Ein Anwender wird also $\mathbf{x} \in P$ derjenigen Klasse P_{k*} zuordnen, die am häufigsten gewinnt. Gibt es mehrere Sieger, so wählt er einen Sieger zufällig aus.

Schließlich sind auch hierarchische Methoden, wie in Abschn. 3.3 kurz beschrieben, möglich. Wenn allerdings schon am ersten Verzweigungsknoten die Fisher-Diskriminante nur schlecht trennt, dann wird man keine guten Ergebnisse erzielen.

Support-Vektor-Maschinen

5

5.1 Elemente der restringierten quadratischen Optimierung

Wie in Abschn. 4.1 betrachten wir wieder die quadratische Funktion

$$f(\mathbf{x}) := \frac{1}{2}\mathbf{x}^{\mathsf{T}}A\mathbf{x} + \mathbf{b}^{\mathsf{T}}\mathbf{x} + c \qquad (5.1)$$

mit einer symmetrischen und positiv semidefiniten $(n \times n)$-Matrix A, einem Vektor $\mathbf{b} \in \mathbb{R}^n$ und einer Konstanten $c \in \mathbb{R}$.

> **Lemma 5.1** *Es sei A symmetrisch und positiv semidefinit. Dann gilt für alle* $\mathbf{x}, \mathbf{y} \in \mathbb{R}^n$
>
> $$f(\mathbf{y}) - f(\mathbf{x}) \geq (A\mathbf{x} + \mathbf{b})^{\mathsf{T}}(\mathbf{y} - \mathbf{x}). \qquad (5.2)$$

Beweis Aus (4.2) wissen wir bereits, dass mit $\mathbf{z} := \mathbf{y} - \mathbf{x}$

$$f(\mathbf{y}) - f(\mathbf{x}) = \frac{1}{2}\mathbf{z}^{\mathsf{T}}A\mathbf{z} + \mathbf{z}^{\mathsf{T}}(A\mathbf{x} + \mathbf{b})$$

gilt. Die Behauptung folgt nun sofort aus der positiven Semidefinitheit von A und der Gleichheit $\mathbf{z}^{\mathsf{T}}(A\mathbf{x} + \mathbf{b}) = (A\mathbf{x} + \mathbf{b})^{\mathsf{T}}(\mathbf{y} - \mathbf{x})$. $\qquad\square$

Im Unterschied zu Abschn. 4.1 sind jetzt noch zusätzlich Nebenbedingungen der Form $B\mathbf{x} \leq \mathbf{d}$ mit einer $(m \times n)$-Matrix B und einem Vektor $\mathbf{d} \in \mathbb{R}^m$ gegeben. Die Menge

$$Z := \{\mathbf{x} \in \mathbb{R}^n : B\mathbf{x} \leq \mathbf{d}\}$$

© Der/die Autor(en), exklusiv lizenziert an Springer-Verlag GmbH, DE, ein Teil von Springer Nature 2024
K. Engel, *Mathematische Grundlagen des überwachten maschinellen Lernens*,
https://doi.org/10.1007/978-3-662-68134-3_5

heißt *zulässiger Bereich* und die Elemente von Z heißen *zulässige Lösungen*. Zur Charakterisierung einer Minimalstelle von f auf Z, die wir hier auch *optimale Lösung* nennen, benötigen wir die *KKT-Bedingungen,* die nach Karush, Kuhn und Tucker benannt sind:

$$B^{\mathrm{T}}\boldsymbol{\alpha} = -(A\mathbf{x} + \mathbf{b}),$$
$$\boldsymbol{\alpha} \geq \mathbf{0},$$
$$\boldsymbol{\alpha}^{\mathrm{T}}(B\mathbf{x} - \mathbf{d}) = 0.$$

(KKT)

Satz 5.1 *Es sei A symmetrisch und positiv semidefinit. Der Punkt* $\mathbf{x}$ *ist genau dann eine Minimalstelle von* f *auf* Z, *wenn ein* $\boldsymbol{\alpha} \in \mathbb{R}^m$ *so existiert, dass die KKT-Bedingungen* (KKT) *erfüllt sind.*

Beweis Wir beweisen zunächst die einfachere Richtung.

Hinlänglichkeit Es sei $\boldsymbol{\alpha}$ so gewählt, dass (KKT) gilt. Ferner sei $\mathbf{y}$ ein beliebiger Punkt aus Z. Es ist zu zeigen, dass $f(\mathbf{y}) \geq f(\mathbf{x})$ gilt. Unter Berücksichtigung von Lemma 5.1, (KKT) und $B\mathbf{y} \leq \mathbf{d}$ gilt

$$\begin{aligned}
f(\mathbf{y}) - f(\mathbf{x}) &\geq (A\mathbf{x} + \mathbf{b})^{\mathrm{T}}(\mathbf{y} - \mathbf{x}) \\
&= -\boldsymbol{\alpha}^{\mathrm{T}}B(\mathbf{y} - \mathbf{x}) \\
&= -\boldsymbol{\alpha}^{\mathrm{T}}B\mathbf{y} + \boldsymbol{\alpha}^{\mathrm{T}}B\mathbf{x} \\
&\geq -\boldsymbol{\alpha}^{\mathrm{T}}\mathbf{d} + \boldsymbol{\alpha}^{\mathrm{T}}B\mathbf{x} \\
&= \boldsymbol{\alpha}^{\mathrm{T}}(B\mathbf{x} - \mathbf{d}) = 0.
\end{aligned}$$

Notwendigkeit Wir erinnern daran, dass wir die als Spalte geschriebene i-te Zeile von B mit $\mathbf{b}_i$ bezeichnen. Es sei $\mathbf{x}$ ist eine Minimalstelle von f auf Z. Ferner sei $K(\mathbf{x}) := \{i \in [m] : \mathbf{b}_i^{\mathrm{T}}\mathbf{x} = d_i\}$, also die Indexmenge derjenigen Nebenbedingungen, die in Form einer Gleichheit erfüllt sind. Die Matrix $B_{\mathbf{x}}$ bestehe aus denjenigen Zeilen von B, deren Index zu $K(\mathbf{x})$ gehört. Wie im Satz 1.15 sei $C(B_{\mathbf{x}}) := \{\mathbf{z} \in \mathbb{R}^n : B_{\mathbf{x}}\mathbf{z} \leq \mathbf{0}\}$ ist. Wir zeigen, dass

$$\forall \mathbf{z} \in C(B_{\mathbf{x}}) : \mathbf{z}^{\mathrm{T}}(A\mathbf{x} + \mathbf{b}) \geq 0 \tag{5.3}$$

gilt. Wir wählen dafür ein festes $\mathbf{z} \in C(B_{\mathbf{x}})$ und setzen $\mathbf{y}(\lambda) := \mathbf{x} + \lambda\mathbf{z}$ mit $\lambda > 0$. Dann gilt für alle $i \in [m]$

$$\mathbf{b}_i^{\mathrm{T}}\mathbf{y}(\lambda) = \mathbf{b}_i^{\mathrm{T}}\mathbf{x} + \lambda\mathbf{b}_i^{\mathrm{T}}\mathbf{z}.$$

Für $\mathbf{b}_i^{\mathrm{T}}\mathbf{z} \leq 0$ gilt daher $\mathbf{b}_i^{\mathrm{T}}\mathbf{y}(\lambda) \leq \mathbf{b}_i^{\mathrm{T}}\mathbf{x} \leq d_i$ und für $\mathbf{b}_i^{\mathrm{T}}\mathbf{z} > 0$ und damit $i \notin K(\mathbf{x})$ gilt $\mathbf{b}_i^{\mathrm{T}}\mathbf{y}(\lambda) \leq d_i$, falls $\lambda \leq \frac{d_i - \mathbf{b}_i^{\mathrm{T}}\mathbf{x}}{\mathbf{b}_i^{\mathrm{T}}\mathbf{z}}$, also das positive λ genügend klein ist. Es folgt, dass $\mathbf{y}(\lambda) \in Z$ gilt, falls λ genügend klein, aber weiterhin positiv ist. Da $\mathbf{x}$ Minimalstelle ist, gilt $f(\mathbf{y}(\lambda)) \geq f(\mathbf{x})$ für diese λ, und aus der Formel (4.2), in der wir hier $\mathbf{z}$ durch $\lambda\mathbf{z}$ ersetzen müssen, erhalten wir

$$0 \leq f(\mathbf{y}(\lambda)) - f(\mathbf{x}) = \frac{\lambda^2}{2}\mathbf{z}^\mathsf{T} A\mathbf{z} + \lambda\mathbf{z}^\mathsf{T}(A\mathbf{x} + \mathbf{b})$$

und damit

$$0 \leq \lim_{\lambda \to +0} \frac{f(\mathbf{y}(\lambda)) - f(\mathbf{x})}{\lambda} = \mathbf{z}^\mathsf{T}(A\mathbf{x} + \mathbf{b}).$$

Also ist (5.3) bewiesen.

Nun können wir aus dem Lemma von Farkas (Satz 1.15) folgern, dass ein $\boldsymbol{\alpha}_\mathbf{x}$ so existiert, dass $B_\mathbf{x}^\mathsf{T}\boldsymbol{\alpha}_\mathbf{x} = -(A\mathbf{x} + \mathbf{b})$ und $\boldsymbol{\alpha}_\mathbf{x} \geq \mathbf{0}$ gilt. Hierbei hat der Vektor $\boldsymbol{\alpha}_\mathbf{x}$ auch nur die Komponenten mit Indizes $i \in K(\mathbf{x})$. Füllen wir nun diesen Vektor mit Nullen auf, d.h., setzen wir $\alpha_i := 0$ für alle $i \in [m] \setminus K(\mathbf{x})$, so erhalten wir einen Vektor $\boldsymbol{\alpha} \in \mathbb{R}^m$, für den offenbar die KKT-Bedingungen (KKT) erfüllt sind. $\square$

Wir bezeichnen nun unser ursprüngliches Problem als *primales Problem*. Wir haben also

$$\begin{aligned} B\mathbf{x} &\leq \mathbf{d}, \\ f(\mathbf{x}) := \tfrac{1}{2}\mathbf{x}^\mathsf{T} A\mathbf{x} + \mathbf{b}^\mathsf{T}\mathbf{x} + c &\to \min. \end{aligned} \tag{P}$$

Diesem Problem ordnen wir ein anderes Problem zu, das wir *duales Problem* nennen:

$$\begin{aligned} B^\mathsf{T}\boldsymbol{\alpha} &= -(A\mathbf{y} + \mathbf{b}), \\ \boldsymbol{\alpha} &\geq \mathbf{0}, \\ g(\mathbf{y}, \boldsymbol{\alpha}) := -\tfrac{1}{2}\mathbf{y}^\mathsf{T} A\mathbf{y} - \boldsymbol{\alpha}^\mathsf{T}\mathbf{d} + c &\to \max. \end{aligned} \tag{D}$$

Lemma 5.2 *Es sei A symmetrisch und positiv semidefinit, $\mathbf{x}$ zulässig für (P) und $(\mathbf{y}, \boldsymbol{\alpha})$ zulässig für (D).*

a) *Es gilt $f(\mathbf{x}) \geq g(\mathbf{y}, \boldsymbol{\alpha})$.*
b) *Für $\mathbf{y} = \mathbf{x}$ und $\boldsymbol{\alpha}^\mathsf{T}(B\mathbf{x} - \mathbf{d}) = 0$ gilt sogar $f(\mathbf{x}) = g(\mathbf{y}, \boldsymbol{\alpha})$.*
c) *Aus $f(\mathbf{x}) = g(\mathbf{y}, \boldsymbol{\alpha})$ folgt $\boldsymbol{\alpha}^\mathsf{T}(B\mathbf{x} - \mathbf{d}) = 0$ und insbesondere die Implikation $\alpha_i > 0 \Rightarrow \mathbf{b}_i^\mathsf{T}\mathbf{x} = d_i$ für alle $i \in [m]$.*
d) *Aus $f(\mathbf{x}) = g(\mathbf{y}, \boldsymbol{\alpha})$ folgt, dass $\mathbf{x}$ eine optimale Lösung von (P) und $(\mathbf{y}, \boldsymbol{\alpha})$ eine optimale Lösung von (D) ist.*

Beweis Unter Berücksichtigung der Nebenbedingungen und der Symmetrie und positiven Semidefinitheit von A haben wir

$$\begin{aligned} \mathbf{b} &= -A\mathbf{y} - B^\mathsf{T}\boldsymbol{\alpha}, \\ \mathbf{b}^\mathsf{T}\mathbf{x} &= -\mathbf{y}^\mathsf{T} A\mathbf{x} - \boldsymbol{\alpha}^\mathsf{T} B\mathbf{x} \end{aligned}$$

und weiter

$$f(\mathbf{x}) - g(\mathbf{y}, \boldsymbol{\alpha}) = \frac{1}{2}(\mathbf{x}^{\mathrm{T}} A\mathbf{x} + \mathbf{y}^{\mathrm{T}} A\mathbf{y}) + \mathbf{b}^{\mathrm{T}}\mathbf{x} + \boldsymbol{\alpha}^{\mathrm{T}}\mathbf{d}$$

$$= \frac{1}{2}(\mathbf{x}^{\mathrm{T}} A\mathbf{x} + \mathbf{y}^{\mathrm{T}} A\mathbf{y}) - \mathbf{y}^{\mathrm{T}} A\mathbf{x} - \boldsymbol{\alpha}^{\mathrm{T}} B\mathbf{x} + \boldsymbol{\alpha}^{\mathrm{T}}\mathbf{d}$$

$$= \frac{1}{2}(\mathbf{y} - \mathbf{x})^{\mathrm{T}} A(\mathbf{y} - \mathbf{x}) - \boldsymbol{\alpha}^{\mathrm{T}}(B\mathbf{x} - \mathbf{d}) \geq 0\,,$$

woraus sich sofort die Aussagen a)–c) des Lemmas ergeben. Zum Beweis von d) wählen wir eine beliebige zulässige Lösung $\mathbf{x}'$ von (P) und eine beliebige zulässige Lösung $(\mathbf{y}', \boldsymbol{\alpha}')$ von (D). Dann gilt wegen a)

$$f(\mathbf{x}') \geq g(\mathbf{y}, \boldsymbol{\alpha}) = f(\mathbf{x}) \geq g(\mathbf{y}', \boldsymbol{\alpha}')\,,$$

woraus sofort die Optimalität von $\mathbf{x}$ und $(\mathbf{y}, \boldsymbol{\alpha})$ folgt. $\qquad\square$

Eine stärkere Aussage enthält die *primale Form eines Dualitätssatzes:*

Satz 5.2 *Es sei A symmetrisch und positiv semidefinit. Besitzt (P) eine optimale Lösung* $\mathbf{x}$, *dann existiert ein* $\boldsymbol{\alpha} \in \mathbb{R}^m$ *so, dass* $(\mathbf{x}, \boldsymbol{\alpha})$ *eine optimale Lösung von (D) ist, und es gilt* $f(\mathbf{x}) = g(\mathbf{x}, \boldsymbol{\alpha})$.

Beweis Ist $\mathbf{x}$ eine optimale Lösung von (P), so existiert nach Satz 5.1 ein $\boldsymbol{\alpha} \in \mathbb{R}^m$ so, dass (KKT) erfüllt ist. Also ist $(\mathbf{x}, \boldsymbol{\alpha})$ zulässig für (D). Wegen Lemma 5.2 b) gilt sogar $f(\mathbf{x}) = g(\mathbf{x}, \boldsymbol{\alpha})$. Aus Lemma 5.2 d) folgt die Optimalität von $(\mathbf{x}, \boldsymbol{\alpha})$. $\qquad\square$

Für unsere Anwendung benötigen wir aber die *duale Form eines Dualitätssatzes:*

Satz 5.3 *Es sei A symmetrisch und positiv semidefinit. Besitzt (D) eine optimale Lösung* $(\mathbf{y}, \boldsymbol{\alpha})$, *so existiert ein* $\mathbf{h} \in \ker(A)$ *so, dass* $\mathbf{x} := \mathbf{y} + \mathbf{h}$ *eine optimale Lösung von (P) ist, und es gilt* $f(\mathbf{x}) = g(\mathbf{y}, \boldsymbol{\alpha})$.

Beweis Zunächst formen wir (D) so um, dass wir die Form von (P) erhalten. Hierbei ersetzen wir jede Gleichung äquivalent durch zwei Ungleichungen, bezeichnen die Nullmatrix passender Dimension mit O und multiplizieren die Zielfunktion mit -1, um ein Minimierungsproblem zu erhalten.

$$\begin{aligned} A\mathbf{y} + B^{\mathrm{T}}\boldsymbol{\alpha} &\leq -\mathbf{b}\,, \\ -A\mathbf{y} - B^{\mathrm{T}}\boldsymbol{\alpha} &\leq \mathbf{b}\,, \\ O\mathbf{y} - E\boldsymbol{\alpha} &\leq \mathbf{0}\,, \end{aligned} \qquad \text{(P')}$$

$$f'(\mathbf{y}, \boldsymbol{\alpha}) := \tfrac{1}{2}(\mathbf{y}^{\mathrm{T}}|\boldsymbol{\alpha}^{\mathrm{T}})\left(\begin{array}{c|c} A & O \\ \hline O & O \end{array}\right)\left(\begin{array}{c} \mathbf{y} \\ \hline \boldsymbol{\alpha} \end{array}\right) + (\mathbf{0}^{\mathrm{T}}|\mathbf{d}^{\mathrm{T}})\left(\begin{array}{c} \mathbf{y} \\ \hline \boldsymbol{\alpha} \end{array}\right) - c \to \min\,.$$

Das zugehörige duale Problem lautet dann unter Beachtung der Symmetrie von A

$$A\alpha_1' - A\alpha_2' = -A\mathbf{y}',$$
$$B\alpha_1' - B\alpha_2' - \alpha_3' = -\mathbf{d},$$
$$\alpha_1', \alpha_2', \alpha_3' \geq \mathbf{0},$$
$$g'(\mathbf{y}', \alpha', \alpha_1', \alpha_2', \alpha_3') := -\tfrac{1}{2}\mathbf{y}'^{\mathsf{T}}A\mathbf{y}' + \alpha_1'^{\mathsf{T}}\mathbf{b} - \alpha_2'^{\mathsf{T}}\mathbf{b} - c \to \max. \qquad \text{(D')}$$

Nach Satz 5.2 gibt es $\alpha_1', \alpha_2', \alpha_3'$ so, dass $(\mathbf{y}, \alpha, \alpha_1', \alpha_2', \alpha_3')$ eine optimale Lösung von (D') ist und $f'(\mathbf{y}, \alpha) = g'(\mathbf{y}, \alpha, \alpha_1', \alpha_2', \alpha_3')$ gilt. Wir setzen $\mathbf{x} := \alpha_2' - \alpha_1'$. Dann folgt aus der ersten Zeile von (D') (mit $\mathbf{y}' = \mathbf{y}$) die Gleichung $A\mathbf{x} = A\mathbf{y}$, also $\mathbf{h} := \mathbf{x} - \mathbf{y} \in \ker(A)$, und aus der zweiten Zeile folgt $B\mathbf{x} \leq \mathbf{d}$, d.h., $\mathbf{x}$ ist zulässig für (P). Schließlich gilt noch (unter Beachtung von $A\mathbf{x} = A\mathbf{y}$)

$$g'(\mathbf{y}, \alpha, \alpha_1', \alpha_2', \alpha_3') = -\frac{1}{2}\mathbf{y}^{\mathsf{T}}A\mathbf{y} - \mathbf{x}^{\mathsf{T}}\mathbf{b} - c = -\frac{1}{2}\mathbf{x}^{\mathsf{T}}A\mathbf{x} - \mathbf{x}^{\mathsf{T}}\mathbf{b} - c = -f(\mathbf{x}),$$

also

$$g(\mathbf{y}, \alpha) = -f'(\mathbf{y}, \alpha) = -g'(\mathbf{y}, \alpha, \alpha_1', \alpha_2', \alpha_3') = f(\mathbf{x}).$$

Aus Lemma 5.2 d) folgt die Optimalität von $\mathbf{x}$ für (P). $\qquad\square$

5.2 Trennstreifenmaximierung mittels restringierter quadratischer Minimierung

Wir betrachten zunächst wieder die Situation aus Abschn. 3.2, d.h. die lineare Trennung zweier nichtleerer Punktmengen $P_{-1}, P_{+1} \subseteq \mathbb{R}^n$. Wir erinnern an die Zugehörigkeiten $\chi(\mathbf{x})$ aus (3.5). Mit Lemma 3.1 wissen wir: Sind P_{-1} und P_{+1} linear trennbar, so existieren $\mathbf{w} \in \mathbb{R}^n$, $\theta \in \mathbb{R}$ und $\delta > 0$ so, dass

$$\chi(\mathbf{x})(\mathbf{w}^{\mathsf{T}}\mathbf{x} - \theta) \geq \delta \quad \forall \mathbf{x} \in P \qquad (5.4)$$

gilt. Wir können hier sogar $\|\mathbf{w}\| = 1$ annehmen, da wir notfalls (5.4) durch $\|\mathbf{w}\|$ teilen und dann die Parameter entsprechend anpassen können. Unter dieser Voraussetzung besagt dann (5.4) nicht nur, dass P_{-1} und P_{+1} durch die Hyperebene $H := \{\mathbf{x} \in \mathbb{R}^n : \mathbf{w}^{\mathsf{T}}\mathbf{x} - \theta = 0\}$ getrennt werden können, sondern dass sogar der Abstand aller Punkte von P zu H mindestens gleich δ ist. Es gibt also einen Trennstreifen $T := \{\mathbf{x} \in \mathbb{R}^n : -\delta < \mathbf{w}^{\mathsf{T}}\mathbf{x} - \theta < +\delta\}$ der Breite 2δ, in dem keine Punkte von P liegen, s. dazu Abb. 5.1.

Um auch neue Punkte möglichst gut klassifizieren zu können, ist es sinnvoll, $\mathbf{w}$ und θ so zu wählen, dass die Breite des Trennstreifens möglichst groß ist. Das führt uns sofort zu dem folgenden Optimierungsproblem:

$$\chi(\mathbf{x})(\mathbf{w}^{\mathsf{T}}\mathbf{x} - \theta) \geq \delta \quad \forall \mathbf{x} \in P,$$
$$\|\mathbf{w}\| = 1,$$
$$\delta \to \max. \qquad (5.5)$$

Abb. 5.1 Trennstreifen
zwischen zwei Punktmengen

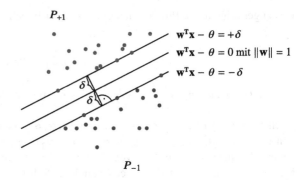

P_{+1}

$\mathbf{w}^T\mathbf{x} - \theta = +\delta$

$\mathbf{w}^T\mathbf{x} - \theta = 0$ mit $\|\mathbf{w}\| = 1$

$\mathbf{w}^T\mathbf{x} - \theta = -\delta$

P_{-1}

Da wir hier eine nichtlineare Nebenbedingung $\|\mathbf{w}\| = 1$ haben, betrachten wir ein
weiteres Optimierungsproblem mit linearen Nebenbedingungen, aber quadratischer
Zielfunktion:

$$\chi(\mathbf{x})(\mathbf{w}^T\mathbf{x} - \theta) \geq 1 \quad \forall \mathbf{x} \in P \,,$$
$$\tfrac{1}{2}\|\mathbf{w}\|^2 \to \min \,. \tag{5.6}$$

Lemma 5.3 *Sind P_{-1} und P_{+1} linear trennbar, so besitzt* (5.6) *eine optimale
Lösung.*

Beweis Wir wissen bereits, dass es $\mathbf{w}_0$ und θ_0 so gibt, dass (5.4) mit einem $\delta > 0$ für
$\mathbf{w}_0$ und θ_0 erfüllt ist. Division durch δ liefert sofort eine zulässige Lösung $(\mathbf{w}', \theta')$
von (5.6). Es sei wie im Beweis von Satz 3.1 $M := \max\{\|\mathbf{x}\| : \mathbf{x} \in P\}$. Weiterhin
sei $(\mathbf{w}, \theta)$ eine beliebige zulässige Lösung von (5.6). Wir zeigen, dass dann $|\theta| \leq$
$M\|\mathbf{w}\|$ gilt. Hierfür wählen wir uns zunächst ein beliebiges Element $\mathbf{x}$ aus P_{-1}.
Dann gilt $-(\mathbf{w}^T\mathbf{x} - \theta) \geq 1$, also nach der Cauchy-Schwarz'schen Ungleichung
(1.3) $\theta \geq 1 + \mathbf{w}^T\mathbf{x} \geq 1 - \|\mathbf{w}\|\|\mathbf{x}\| \geq -M\|\mathbf{w}\|$. Nun wählen wir uns noch ein
beliebiges Element $\mathbf{x}$ aus P_{+1}. Dann gilt $\mathbf{w}^T\mathbf{x} - \theta \geq 1$, also analog $\theta \leq -1 + \mathbf{w}^T\mathbf{x} \leq$
$-1 + \|\mathbf{w}\|\|\mathbf{x}\| \leq M\|\mathbf{w}\|$.

Es sei U die Menge aller zulässigen Lösungen $(\mathbf{w}, \theta)$ von (5.6), für die $\|\mathbf{w}\| \leq$
$\|\mathbf{w}'\|$ und $|\theta| \leq M\|\mathbf{w}'\|$ gilt. Nach Satz 1.14 gibt es eine Minimalstelle von $\tfrac{1}{2}\|\mathbf{w}\|^2$
auf U, die offenbar eine optimale Lösung von (5.6) ist.   □

Satz 5.4 *Es sei $(\mathbf{w}^*, \theta^*)$ eine optimale Lösung von* (5.6). *Dann gilt $\mathbf{w}^* \neq \mathbf{0}$
und durch $\mathbf{w}' := \frac{1}{\|\mathbf{w}^*\|}\mathbf{w}^*$, $\theta' := \frac{1}{\|\mathbf{w}^*\|}\theta^*$, $\delta' := \frac{1}{\|\mathbf{w}^*\|}$ ist eine optimale Lösung
von* (5.5) *gegeben.*

Beweis Wir erinnern an die generelle Voraussetzung $P_{-1}, P_{+1} \neq \emptyset$. Angenommen,
es gilt $\mathbf{w}^* = \mathbf{0}$. Wählt man ein beliebiges $\mathbf{x} \in P_{-1}$, so erhält man $-(-\theta) \geq 1$,

und mit einem beliebigen $\mathbf{x} \in P_{+1}$ hat man $-\theta \geq 1$. Diese beiden Ungleichungen widersprechen sich, also gilt tatsächlich $\mathbf{w}^* \neq \mathbf{0}$.

Dividiert man die Nebenbedingungen in (5.6) durch $\|\mathbf{w}^*\|$, so erkennt man unmittelbar, dass $(\mathbf{w}', \theta', \delta')$ eine zulässige Lösung von (5.5) ist. Angenommen, diese Lösung ist nicht optimal. Dann gibt es eine zulässige Lösung $(\mathbf{w}, \theta, \delta)$ von (5.5) mit $\delta > \delta'$. Setzt man jetzt $\mathbf{w}'' := \frac{1}{\delta}\mathbf{w}$, $\theta'' := \frac{1}{\delta}\theta$, so erhält man eine zulässige Lösung $(\mathbf{w}'', \theta'')$ von (5.6) mit dem Wert der Zielfunktion $\frac{1}{2\delta^2}$, der kleiner ist als $\frac{1}{2\delta'^2} = \frac{1}{2}\|\mathbf{w}^*\|^2$, also kleiner als der optimale Wert der Zielfunktion von (5.6). Mit diesem Widerspruch ist der Beweis abgeschlossen. $\qquad\square$

Ist durch $(\mathbf{w}', \theta', \delta')$ eine optimale Lösung für (5.5) gegeben, so muss es offenbar Punkte $\mathbf{x}$ aus P_{-1} sowie aus P_{+1} so geben, dass die entsprechende Nebenbedingung in Form einer Gleichheit erfüllt ist. Diese Punkte liegen also auf dem Rand des Trennstreifens und werden *Support-Vektoren* genannt, woher auch der Begriff der Support-Vektor-Maschine stammt.

In der Praxis ist aber die lineare Trennbarkeit nur bei speziellen Fragestellungen gegeben. In Abschn. 4.2 haben wir bereits mit der Fisher-Diskriminante eine Methode behandelt, die ohne die Voraussetzung der linearen Trennbarkeit auskommt. Dort müssen sich die beiden Punktmengen aber möglichst gut an zwei Hyperebenen „anschmiegen" lassen.

Sind P_{-1} und P_{+1} nicht linear trennbar, so gibt es offenbar keine zulässige Lösung von (5.6). Damit wir diesen Ansatz weiter verfolgen können, weichen wir die Nebenbedingungen etwas auf, bestrafen aber „aufgeweichte" Ungleichungen durch zusätzliche Terme in der Zielfunktion. Wir führen dazu für jede Nebenbedingung, d. h. für jedes $\mathbf{x} \in P$, eine neue Variable $\xi_{\mathbf{x}}$ ein und erlauben jetzt $\chi(\mathbf{x})(\mathbf{w}^{\mathsf{T}}\mathbf{x} - \theta) \geq 1 - \varepsilon\xi_{\mathbf{x}}$, wobei ε eine kleine positive Zahl ist, die vom Anwender festgelegt wird und durch Experimente optimiert werden kann. Eine echte „Aufweichung" hat man dann nur für positive $\xi_{\mathbf{x}}$. Wählt man in der Zielfunktion den zusätzlichen Strafterm $\frac{1}{2}\xi_{\mathbf{x}}^2$ (bestraft man also größere Abweichungen stärker), so kann man immer negative $\xi_{\mathbf{x}}$ durch 0 ersetzen und damit die Zielfunktion verkleinern. Wählt man nur $\xi_{\mathbf{x}}$ als Zusatzterm, so muss man zusätzlich $\xi_{\mathbf{x}} \geq 0$ fordern. Wie üblich sei $\boldsymbol{\xi}$ der Vektor, dessen Komponenten die Variablen $\xi_{\mathbf{x}}$, $\mathbf{x} \in P$, sind. Wir stellen uns dabei vor, dass die Elemente von P in fester Weise geordnet sind. Statt $\chi(\mathbf{x})$ schreiben wir jetzt auch $\chi_{\mathbf{x}}$, sodass wir den Vektor $\boldsymbol{\chi}$ erhalten.

Wir erhalten also für den allgemeinen Fall zwei Varianten von restringierten quadratischen Optimierungsproblemen:

$$\begin{aligned} \chi_{\mathbf{x}}(\mathbf{w}^{\mathsf{T}}\mathbf{x} - \theta) &\geq 1 - \varepsilon\xi_{\mathbf{x}} \quad \forall \mathbf{x} \in P\,, \\ \tfrac{1}{2}(\|\mathbf{w}\|^2 + \|\boldsymbol{\xi}\|^2) &\to \min \end{aligned} \tag{5.7}$$

und mit der Bezeichnung $\|\boldsymbol{\xi}\|_1 := \sum_{\mathbf{x} \in P} \xi_{\mathbf{x}}$

$$\begin{aligned} \chi_{\mathbf{x}}(\mathbf{w}^{\mathsf{T}}\mathbf{x} - \theta) &\geq 1 - \varepsilon\xi_{\mathbf{x}} \quad \forall \mathbf{x} \in P\,, \\ \boldsymbol{\xi} &\geq \mathbf{0}\,, \\ \tfrac{1}{2}\|\mathbf{w}\|^2 + \|\boldsymbol{\xi}\|_1 &\to \min\,. \end{aligned} \tag{5.8}$$

Wählt man $\mathbf{w}$ und θ beliebig und dann die Komponenten von $\boldsymbol{\xi}$ durch

$$\xi_{\mathbf{x}} := \max\left\{0, \frac{1}{\varepsilon}(1 - \chi_{\mathbf{x}}(\mathbf{w}^{\mathsf{T}}\mathbf{x} - \theta))\right\} \quad \forall \mathbf{x} \in P \, , \tag{5.9}$$

so erhält man eine zulässige Lösung beider Probleme. Betrachtet man $\mathbf{w}$ und θ als fest und nur $\boldsymbol{\xi}$ als variabel, so ist diese Lösung sogar optimal. Der Beweis von Lemma 5.3 kann leicht auf das folgende Lemma übertragen werden:

Lemma 5.4 *Die Probleme (5.7) und (5.8) besitzen eine optimale Lösung.*

Hat man eine optimale Lösung bzw. eine angenähert optimale Lösung $(\mathbf{w}, \theta, \boldsymbol{\xi})$ eines dieser Probleme, so nutzt man $(\mathbf{w}, \theta)$ für die Klassifizierung, man ordnet also einen Punkt $\mathbf{x}$ (eventuell fehlerhaft) wie folgt zu (vgl. Abschn. 4.3):

$$\mathbf{x} \to \begin{cases} P_{-1} \, , & \text{falls } \mathbf{w}^{\mathsf{T}}\mathbf{x} - \theta \leq 0 \, , \\ P_{+1} \, , & \text{falls } \mathbf{w}^{\mathsf{T}}\mathbf{x} - \theta > 0 \, , \end{cases} \tag{5.10}$$

wobei man θ gegebenenfalls noch etwas verschieben könnte.

Wir benötigen jetzt noch eine Lösungsmethode für die Probleme (5.7) und (5.8). Aus Platzgründen beschränken wir uns hier auf (5.7), das andere Problem kann mit den gleichen Methoden behandelt werden, ist aber geringfügig aufwendiger.

5.3   Übergang zum dualen Problem

Anstatt das Problem (5.7) direkt zu lösen, erweist es sich als günstiger, zum dualen Problem überzugehen. Das ist nicht nur aus numerischen Gründen vorteilhaft, auf diese Weise können wir dann auch die Kern-Methode anwenden, die wir im nächsten Abschnitt behandeln werden. Zunächst schreiben wir (5.7) in der Form (P). Wie schon bei den Vektoren $\boldsymbol{\xi}$ und χ indizieren wir bei Bedarf Zeilen und später auch Spalten nicht mit natürlichen Zahlen, sondern mit Elementen $\mathbf{x}$ von P. Wir haben insgesamt $n + 1 + |P|$ Variablen, die durch $\mathbf{w}$, θ und $\boldsymbol{\xi}$ gegeben sind. Wir definieren die $(|P| \times n)$-Datenmatrix D durch $d_{\mathbf{x}, j} := \chi_{\mathbf{x}} x_j$ mit $\mathbf{x} \in P$, $j \in [n]$, d. h., es ist $D = (\chi_{\mathbf{x}}\mathbf{x}^{\mathsf{T}})_{\mathbf{x} \in P}$. Außerdem sei A diejenige Matrix, die aus der Einheitsmatrix der Ordnung $n + 1 + |P|$ durch Ersetzung der 1 in der $(n + 1)$-ten Zeile durch eine 0 entsteht (beachte, dass θ nicht in der Zielfunktion vorkommt). Offensichtlich ist A symmetrisch und positiv semidefinit. Das Problem (5.7) lautet in Matrixform

$$(-D \mid \chi \mid -\varepsilon E) \begin{pmatrix} \mathbf{w} \\ \hline \theta \\ \hline \boldsymbol{\xi} \end{pmatrix} \leq -\mathbf{1} \,,$$

$$\frac{1}{2} \left(\mathbf{w}^{\mathsf{T}} \mid \theta \mid \boldsymbol{\xi}^{\mathsf{T}} \right) A \begin{pmatrix} \mathbf{w} \\ \hline \theta \\ \hline \boldsymbol{\xi} \end{pmatrix} \rightarrow \min \,.$$

Für das duale Problem (D) erhalten wir dann mit den neuen Variablenvektoren $\mathbf{w}'$, $\boldsymbol{\xi}'$ sowie $\boldsymbol{\alpha}$ und der neuen Variable θ'

$$\begin{pmatrix} -D^{\mathsf{T}} \\ \hline \chi^{\mathsf{T}} \\ \hline -\varepsilon E \end{pmatrix} \boldsymbol{\alpha} = - \begin{pmatrix} \mathbf{w}' \\ \hline 0 \\ \hline \boldsymbol{\xi}' \end{pmatrix} \,,$$

$$\boldsymbol{\alpha} \geq \mathbf{0} \,,$$

$$-\frac{1}{2} \left(\mathbf{w}'^{\mathsf{T}} \mid \theta' \mid \boldsymbol{\xi}'^{\mathsf{T}} \right) A \begin{pmatrix} \mathbf{w}' \\ \hline \theta' \\ \hline \boldsymbol{\xi}' \end{pmatrix} + \boldsymbol{\alpha}^{\mathsf{T}} \mathbf{1} \rightarrow \max \,.$$

Die Bedingungen $\mathbf{w}' = D^{\mathsf{T}} \boldsymbol{\alpha}$ und $\boldsymbol{\xi}' = \varepsilon \boldsymbol{\alpha}$ können wir gleich in der Zielfunktion einsetzen und die Zielfunktion mit -1 multiplizieren. Wir erhalten

$$\chi^{\mathsf{T}} \boldsymbol{\alpha} = 0 \,, \tag{5.11}$$

$$\boldsymbol{\alpha} \geq \mathbf{0} \,,$$

$$\frac{1}{2} \boldsymbol{\alpha}^{\mathsf{T}} \left(D D^{\mathsf{T}} + \varepsilon^2 E \right) \boldsymbol{\alpha} - \mathbf{1}^{\mathsf{T}} \boldsymbol{\alpha} \rightarrow \min \,.$$

Die Hinzunahme von $\varepsilon \boldsymbol{\xi}$ in (5.7) enstpricht also einer Tikhonov-Regularisierung in der Zielfunktion von (5.11), s. dazu Abschn. 4.1.

Um die Klassifizierung wirklich durchführen zu können, müssen wir noch herausarbeiten, wie wir aus einer Lösung $\boldsymbol{\alpha}$ von (5.11) $\mathbf{w}$ und θ erhalten. Wir wissen bereits aus Lemma 5.4, dass (5.7) eine optimale Lösung besitzt. Aufgrund von Satz 5.2 besitzt dann auch (5.11) eine optimale Lösung $\boldsymbol{\alpha}$. Wegen $\ker(A) = \{\theta \mathbf{e}_{n+1} : \theta \in \mathbb{R}\}$ und Satz 5.3 ist also mit einem geeigneten θ durch

$$\mathbf{w} := D^{\mathsf{T}} \boldsymbol{\alpha} \,, \tag{5.12}$$

$$\boldsymbol{\xi} := \varepsilon \boldsymbol{\alpha} \tag{5.13}$$

eine optimale Lösung von (5.7) gegeben. Für diese Lösung gilt $\boldsymbol{\alpha} \neq 0$, denn sonst wäre der Wert der Zielfunktion von (5.11) gleich null und damit auch der Wert der Zielfunktion von (5.7) gleich null, was offenbar im Widerspruch zu Satz 5.4 steht. Also ist $S := \{\mathbf{x} \in P : \alpha_{\mathbf{x}} > 0\}$ nicht leer. Für $\mathbf{x} \in S$ muss aufgrund von Lemma 5.2 c) die zu $\mathbf{x}$ gehörende Nebenbedingung von (5.7) in Form einer Gleichheit erfüllt sein, d. h., es gilt

$$\chi_{\mathbf{x}}(\mathbf{w}^{\mathsf{T}} \mathbf{x} - \theta) = 1 - \varepsilon \xi_{\mathbf{x}} \quad \forall \mathbf{x} \in S$$

und äquivalent dazu

$$\theta = \mathbf{w}^{\mathrm{T}}\mathbf{x} - \chi_{\mathbf{x}}(1 - \varepsilon^2 \alpha_{\mathbf{x}}) \quad \forall \mathbf{x} \in S .$$

Aus numerischen Gründen verwendet man einen Mittelwert zur Festlegung von θ, d. h.

$$\theta := \frac{1}{|S|} \sum_{\mathbf{x} \in S} \left(\mathbf{w}^{\mathrm{T}}\mathbf{x} - \chi_{\mathbf{x}}(1 - \varepsilon^2 \alpha_{\mathbf{x}}) \right) . \tag{5.14}$$

Mit (5.12) und (5.14) hat man bei gegebener optimaler Lösung $\boldsymbol{\alpha}$ von (5.11) alle für die Klassifizierung notwendigen Werte. Für die praktische Berechnung weisen wir noch darauf hin, dass (5.12) aufgrund der Definitionen von D und S auch in der folgenden Form dargestellt werden kann:

$$\mathbf{w} := \sum_{\mathbf{x} \in S} \chi_{\mathbf{x}} \alpha_{\mathbf{x}} \mathbf{x} . \tag{5.15}$$

In der Praxis hat man aber nicht die exakte optimale Lösung zur Verfügung, da man (5.11) nur numerisch lösen kann und das Iterationsverfahren irgendwann abbrechen muss, s. Abschn. 5.5. Trotzdem kann man natürlich $\mathbf{w}$ und θ mittels (5.12) und (5.14) berechnen. Mit $\boldsymbol{\xi}$ aus (5.13) hat man dann im Allgemeinen keine zulässige Lösung für (5.7). Man erhält aber eine zulässige Lösung, wenn man $\boldsymbol{\xi}$ mittels (5.9) wählt. Die (nichtnegative) Differenz L der Zielfunktionswerte von (5.7) und (5.11) mit vorzeichengeänderter Zielfunktion (wir hatten ja mit -1 multipliziert) ist dann ein Maß für die Güte der aktuellen zulässigen Lösung $\boldsymbol{\alpha}$ von (5.11). Man nennt L *Dualitätslücke*. Durch Einsetzen erhält man sofort

$$L = \frac{1}{2}(\|\mathbf{w}\|^2 + \|\boldsymbol{\xi}\|^2) + \frac{1}{2}\boldsymbol{\alpha}^{\mathrm{T}} \left(DD^{\mathrm{T}} + \varepsilon^2 E \right) \boldsymbol{\alpha} - \mathbf{1}^{\mathrm{T}}\boldsymbol{\alpha} ,$$

also

$$L = \|\mathbf{w}\|^2 + \frac{1}{2} \left(\|\boldsymbol{\xi}\|^2 + \varepsilon^2 \|\boldsymbol{\alpha}\|^2 \right) - \mathbf{1}^{\mathrm{T}}\boldsymbol{\alpha} . \tag{5.16}$$

Ist $\boldsymbol{\alpha}$ doch optimal, so gilt nach Satz 5.3 $L = 0$, woraus $\|\mathbf{w}\|^2 = \mathbf{1}^{\mathrm{T}}\boldsymbol{\alpha} - \varepsilon^2 \|\boldsymbol{\alpha}^2\|$ folgt.

5.4   Die Kern-Methode

In (5.11) hängt neben χ nur die Matrix $C := DD^{\mathrm{T}}$ von den gegebenen Daten ab. Die Zeilen und Spalten von C sind mit den Punkten $\mathbf{x} \in P$ indiziert. Es gilt

$$c_{\mathbf{x},\mathbf{y}} = \sum_{\mathbf{x},\mathbf{y} \in P} \chi_{\mathbf{x}} \chi_{\mathbf{y}} (\mathbf{x}^{\mathrm{T}}\mathbf{y}) .$$

Für die Berechnung von θ in (5.14) und die Klassifizierung in (5.10) benötigen wir nur noch $\mathbf{w}^\mathsf{T}\mathbf{x}$. Aus (5.15) folgt

$$\mathbf{w}^\mathsf{T}\mathbf{x} = \mathbf{x}^\mathsf{T}\mathbf{w} = \sum_{\mathbf{y}\in S} \chi_\mathbf{y}\alpha_\mathbf{y}(\mathbf{x}^\mathsf{T}\mathbf{y}).$$

Neben χ benötigen wir also aus den Daten nur die Skalarprodukte $\mathbf{x}^\mathsf{T}\mathbf{y}$.

Wir können jetzt unproblematisch wieder den Ansatz zur quasi-linearen Trennung aus Abschn. 3.4 verwenden, also statt mit den ursprünglichen Punkten $\mathbf{x}$ mit neuen Punkten $\boldsymbol{\varphi}(\mathbf{x})$ arbeiten, wobei $\boldsymbol{\varphi}$ eine geeignete Funktion $\boldsymbol{\varphi} : \mathbb{R}^n \to \mathbb{R}^N$ ist. Wir brauchen dann nur überall $\mathbf{x}^\mathsf{T}\mathbf{y}$ durch $\boldsymbol{\varphi}(\mathbf{x})^\mathsf{T}\boldsymbol{\varphi}(\mathbf{y})$ zu ersetzen. Man beachte, dass man eigentlich nur die Einschränkung von $\boldsymbol{\varphi}$ auf P benötigt. Es bleibt unklar, wie $\boldsymbol{\varphi}$ für eine gute Klassifizierung gewählt werden soll. Wir nennen eine Matrix $K = (k_{\mathbf{x},\mathbf{y}})_{\mathbf{x},\mathbf{y}\in P}$ *Kern für P* oder auch abkürzend *Kern*, falls es ein $\boldsymbol{\varphi} : P \to \mathbb{R}^N$ so gibt, dass

$$k_{\mathbf{x},\mathbf{y}} = \boldsymbol{\varphi}(\mathbf{x})^\mathsf{T}\boldsymbol{\varphi}(\mathbf{y}) \quad \forall \mathbf{x}, \mathbf{y} \in P$$

gilt. Mit $\Phi := (\boldsymbol{\varphi}(\mathbf{x}))_{\mathbf{x}\in P}$ kann man dies auch in der Form

$$K = \Phi^\mathsf{T}\Phi$$

schreiben. Man beachte, dass durch Φ dann auch $\boldsymbol{\varphi} : P \to \mathbb{R}^N$ festgelegt ist. Wir werden $\boldsymbol{\varphi}$ gar nicht explizit angeben, sondern gleich mit Kernen arbeiten. Um in vernünftiger Zeit einen für die Problemstellung guten Kern experimentell wählen zu können, beschränkt man sich auf einige konkrete Kerne. Wir benötigen dafür noch einige Vorbereitungen.

Satz 5.5 *Eine Matrix $K = (k_{\mathbf{x},\mathbf{y}})_{\mathbf{x},\mathbf{y}\in P}$ ist genau dann ein Kern für P, wenn sie symmetrisch und positiv semidefinit ist.*

Beweis Notwendigkeit Es sei K ein Kern. Die Symmetrie von K ist klar. Sei nun $\mathbf{z} \in \mathbb{R}^n$ beliebig vorgegeben. Es gilt

$$\mathbf{z}^\mathsf{T}K\mathbf{z} = \mathbf{z}^\mathsf{T}\Phi^\mathsf{T}\Phi\mathbf{z} = \|\Phi\mathbf{z}\|^2 \geq 0,$$

also ist K positiv semidefinit.

Hinlänglichkeit Es sei K symmetrisch und positiv semidefinit. Aus Satz 1.11 folgt die Existenz einer $(N \times |P|)$-Matrix G mit $K = G^\mathsf{T}G$. Wir können einfach $\Phi := G$ wählen. $\qquad\square$

Einfache Kerne kann man mit Satz 1.11 begründen.

Lemma 5.5

a) *Gilt* $k_{\mathbf{x},\mathbf{y}} = \mathbf{x}^{\mathsf{T}}\mathbf{y}$ *für alle* $\mathbf{x}, \mathbf{y} \in P$, *so ist* K *ein Kern.*
b) *Ist* $\mathbf{v}$ *ein mit den Elementen von* P *indizierter Vektor, so ist* $\mathbf{v}\mathbf{v}^{\mathsf{T}}$ *ein Kern.*

Aus Satz 1.13 und 5.5 ergeben sich sofort die folgenden Regeln für Kerne:

Lemma 5.6

a) *Es seien* K_1 *und* K_2 *Kerne und* $\alpha \geq 0$. *Dann sind auch* $K_1 + K_2, \alpha K_1$ *und* $K_1 \circ K_2$ *Kerne.*
b) *Es sei* (K_m) *eine Folge von Kernen und* $K = \lim_{m\to\infty} K_m$ *(elementeweise). Dann ist auch* K *ein Kern.*

Wir definieren die i-te *Hadamard-Potenz* einer $(n \times n)$-Matrix K durch

$$K^{\circ i} := \begin{cases} K \circ \cdots \circ K \ (i\text{-Faktoren}), & \text{falls } i > 0, \\ \mathbf{1}\mathbf{1}^{\mathsf{T}}, & \text{falls } i = 0. \end{cases}$$

Für ein Polynom $p(x) = \sum_{i=0}^m a_i x^i$ und einen Kern K sei

$$p(K) := \sum_{i=0}^m a_i K^{\circ i}.$$

Für das spezielle Polynom $p_m(x) = \sum_{i=0}^m \frac{1}{i!} x^i$ gilt bekanntlich aufgrund der Taylor'schen Formel $\lim_{m\to\infty} p_m(x) = e^x$. Deswegen setzen wir für einen Kern K

$$e^K := \lim_{m\to\infty} p_m(K).$$

Aus Lemma 5.5 und 5.6 folgt sofort:

Satz 5.6 *Es sei* K *ein Kern.*

a) *Ist* $p(x) = \sum_{i=0}^m a_i x^i$ *ein Polynom mit nichtnegativen Koeffizienten, so ist* $p(K)$ *ein Kern.*
b) *Es ist* e^K *ein Kern.*

Speziell für $p(x) = (x + c)^d$ mit $c \geq 0$ und $d \in \mathbb{N}$ ist wegen Lemma 5.5 durch

$$k_{\mathbf{x},\mathbf{y}} := (\mathbf{x}^{\mathsf{T}}\mathbf{y} + c)^d, \quad \mathbf{x}, \mathbf{y} \in P,$$

ein Kern gegeben, der *polynomialer Kern* genannt wird. Eigentlich können aber alle Kerne der Form $p(\mathbf{x}^{\mathsf{T}}\mathbf{y})$ so genannt werden, wenn $p(x)$ ein Polynom mit nichtnegativen Koeffizienten ist.

Satz 5.7 *Es sei $\sigma > 0$. Dann ist durch*

$$k_{\mathbf{x},\mathbf{y}} := e^{-\|\mathbf{x}-\mathbf{y}\|^2/\sigma^2}$$

ein Kern gegeben.

Beweis Aus Lemma 5.5 b) folgt mit $\mathbf{v_x} := e^{-\|\mathbf{x}\|^2/\sigma^2}$, dass durch

$$k_{\mathbf{x},\mathbf{y}}^{(1)} := e^{-\|\mathbf{x}\|^2/\sigma^2} e^{-\|\mathbf{y}\|^2/\sigma^2}$$

ein Kern $K^{(1)}$ gegeben ist. Wegen Lemma 5.5 a), 5.6 a) und Satz 5.6 ist durch

$$k_{\mathbf{x},\mathbf{y}}^{(2)} := e^{2\mathbf{x}^{\mathsf{T}}\mathbf{y}/\sigma^2}$$

ebenfalls ein Kern $K^{(2)}$ gegeben. Nach Lemma 5.6 a) ist dann auch $K^{(1)} \circ K^{(2)}$ ein Kern, was zu beweisen war. $\square$

Kerne der Form aus Satz 5.7 werden *Gaußkerne* genannt.

5.5   Der SMO-Algorithmus

In (5.11) ist $\chi_{\mathbf{x}}\chi_{\mathbf{y}}\mathbf{x}^{\mathsf{T}}\mathbf{y}$ das Element von DD^{T} in Zeile $\mathbf{x}$ und Spalte $\mathbf{y}$. Wie im vorigen Abschnitt beschrieben, ersetzen wir für einen gegebenen Kern K überall $\mathbf{x}^{\mathsf{T}}\mathbf{y}$ durch $k_{\mathbf{x},\mathbf{y}}$. Definieren wir die Matrizen $\tilde{K}$ und H durch $\tilde{k}_{\mathbf{x},\mathbf{y}} := \chi_{\mathbf{x}}\chi_{\mathbf{y}}k_{\mathbf{x},\mathbf{y}}$ für alle $\mathbf{x}, \mathbf{y} \in P$ und $H := \tilde{K} + \varepsilon^2 E$, so erhalten wir aus (5.11) das Problem

$$\begin{aligned} \boldsymbol{\chi}^{\mathsf{T}}\boldsymbol{\alpha} &= 0, \\ \boldsymbol{\alpha} &\geq \mathbf{0}, \\ \tfrac{1}{2}\boldsymbol{\alpha}^{\mathsf{T}}H\boldsymbol{\alpha} - \mathbf{1}^{\mathsf{T}}\boldsymbol{\alpha} &\to \min. \end{aligned} \qquad (5.17)$$

Lemma 5.7 *Die Matrix H ist symmetrisch und positiv definit.*

Beweis Die Symmetrie ist wieder klar. Wir wählen ein beliebiges $\mathbf{z} \neq \mathbf{0}$ und definieren dann $\tilde{\mathbf{z}}$ durch $\tilde{z}_{\mathbf{x}} := \chi_{\mathbf{x}} z_{\mathbf{x}}$ für alle $\mathbf{x} \in P$. Dann gilt

$$\mathbf{z}^{\mathsf{T}} H \mathbf{z} = \mathbf{z}^{\mathsf{T}} \tilde{K} \mathbf{z} + \varepsilon^2 \|\mathbf{z}\|^2 = \tilde{\mathbf{z}}^{\mathsf{T}} K \tilde{\mathbf{z}} + \varepsilon^2 \|\mathbf{z}\|^2 > 0 \,,$$

da K nach Satz 5.5 positiv semidefinit ist.   □

Das Problem (5.17) kann daher mit Standardmethoden der konvexen Optimierung gelöst werden (siehe z. B. [3, 16]), wobei die hohe Dimension durchaus Schwierigkeiten bereiten kann. Der folgende Algorithmus für das spezielle Problem (5.17) lässt sich aber recht einfach realisieren. Die Grundidee besteht darin, den Vektor $\boldsymbol{\alpha}$ in einem Iterationsschritt nur an zwei Komponenten zu verändern und dabei den Wert der Zielfunktion zu verkleinern bzw. zumindest nicht zu vergrößern. Wegen $\chi^{\mathsf{T}} \boldsymbol{\alpha} = 0$ können wir aber nur eine der beiden Komponenten frei variieren. Es sei ein Iterationspunkt $\boldsymbol{\alpha}$ vorgegeben. Wir wählen zwei Punkte $\mathbf{x}, \mathbf{y} \in P$, definieren $\mathbf{z}$ durch

$$z_{\mathbf{x}'} := \begin{cases} \chi_{\mathbf{x}} & \text{falls } \mathbf{x}' = \mathbf{x} \,, \\ -\chi_{\mathbf{y}} & \text{falls } \mathbf{x}' = \mathbf{y} \,, \\ 0 & \text{falls } \mathbf{x}' \in P \setminus \{\mathbf{x}, \mathbf{y}\} \end{cases}$$

und setzen für $\lambda \in \mathbb{R}$

$$\boldsymbol{\alpha}(\lambda) := \boldsymbol{\alpha} + \lambda \mathbf{z} \,. \tag{5.18}$$

Wegen $\chi^{\mathsf{T}} \mathbf{z} = 0$ gilt $\chi^{\mathsf{T}} \boldsymbol{\alpha}(\lambda) = 0$ für alle $\lambda \in \mathbb{R}$. Außerdem kann man leicht überprüfen, dass $\boldsymbol{\alpha}(\lambda) \geq 0$ genau dann gilt, wenn $\ell \leq \lambda \leq r$ ist, wobei die Grenzen wie folgt bestimmt werden:

$$\begin{aligned} \ell &:= -\alpha_{\mathbf{x}} & \text{und } r &:= \alpha_{\mathbf{y}} \,, & \text{falls } \chi_{\mathbf{x}} = \chi_{\mathbf{y}} = 1 \,, \\ \ell &:= \max\{-\alpha_{\mathbf{x}}, -\alpha_{\mathbf{y}}\} & \text{und } r &:= \infty \,, & \text{falls } \chi_{\mathbf{x}} = -\chi_{\mathbf{y}} = 1 \,, \\ \ell &:= -\infty & \text{und } r &:= \min\{\alpha_{\mathbf{x}}, \alpha_{\mathbf{y}}\} \,, & \text{falls } -\chi_{\mathbf{x}} = \chi_{\mathbf{y}} = 1 \,, \\ \ell &:= -\alpha_{\mathbf{y}} & \text{und } r &:= \alpha_{\mathbf{x}} \,, & \text{falls } -\chi_{\mathbf{x}} = -\chi_{\mathbf{y}} = 1 \,. \end{aligned} \tag{5.19}$$

Wir bezeichnen die Zielfunktion von (5.17) mit $F(\boldsymbol{\alpha}) := \frac{1}{2} \boldsymbol{\alpha}^{\mathsf{T}} H \boldsymbol{\alpha} - \mathbf{1}^{\mathsf{T}} \boldsymbol{\alpha}$ und suchen eine Minimalstelle von $\varphi(\lambda) := F(\boldsymbol{\alpha}(\lambda))$. Aus (1.4) folgt

$$\varphi'(\lambda) = \nabla F(\boldsymbol{\alpha} + \lambda \mathbf{z})^{\mathsf{T}} \mathbf{z} = (H(\boldsymbol{\alpha} + \lambda \mathbf{z}) - \mathbf{1})^{\mathsf{T}} \mathbf{z} = (\mathbf{z}^{\mathsf{T}} H \mathbf{z}) \lambda + \mathbf{z}^{\mathsf{T}} (H \boldsymbol{\alpha} - \mathbf{1}) \,.$$

Da H positiv definit ist und $\mathbf{z} \neq \mathbf{0}$ gilt, haben wir $\mathbf{z}^{\mathsf{T}} H \mathbf{z} > 0$, und damit ist $\varphi'(\lambda)$ eine streng monoton wachsende lineare Funktion und der Graph der Funktion $\varphi(\lambda)$ eine nach oben geöffnete Parabel, deren eindeutige Minimalstelle λ_0 sich aus $\varphi'(\lambda_0) = 0$ ergibt. Wir haben also

$$\lambda_0 = -\frac{\mathbf{z}^{\mathsf{T}}(H\boldsymbol{\alpha} - 1)}{\mathbf{z}^{\mathsf{T}}H\mathbf{z}} = \frac{\chi_{\mathbf{y}}(\mathbf{h}_{\mathbf{y}}^{\mathsf{T}}\boldsymbol{\alpha} - 1) - \chi_{\mathbf{x}}(\mathbf{h}_{\mathbf{x}}^{\mathsf{T}}\boldsymbol{\alpha} - 1)}{h_{\mathbf{x},\mathbf{x}} + h_{\mathbf{y},\mathbf{y}} - 2\chi_{\mathbf{x}}\chi_{\mathbf{y}}h_{\mathbf{x},\mathbf{y}}}, \tag{5.20}$$

wobei $\mathbf{h}_{\mathbf{x}}^{\mathsf{T}}$ und $\mathbf{h}_{\mathbf{y}}^{\mathsf{T}}$ die zu $\mathbf{x}$ bzw. $\mathbf{y}$ gehörenden Zeilen von H sind.

Die Minimalstelle λ^* von φ über $\{\lambda \in \mathbb{R} : \boldsymbol{\alpha}(\lambda) \text{ ist zulässig für (5.17)}\}$ ergibt sich nun offenbar aus

$$\lambda^* = \begin{cases} \ell, & \text{falls } \lambda_0 \leq \ell, \\ \lambda_0, & \text{falls } \ell < \lambda_0 < r, \\ r, & \text{falls } r \leq \lambda_0. \end{cases} \tag{5.21}$$

Mit diesen Vorbereitungen können wir nun den SMO-Algorithmus zur Lösung von (5.17) formulieren, wobei SMO eine Abkürzung von Sequential Minimal Optimization ist.

Algorithmus 5.1 SMO-Algorithmus

Eingabe: Punktmengen $P_{-1}, P_{+1} \subseteq \mathbb{R}^n$ und $\varepsilon > 0$
Wähle einen zulässigen Anfangsvektor $\boldsymbol{\alpha}_0$.
$\boldsymbol{\alpha} \leftarrow \boldsymbol{\alpha}_0$.
while Eine Abbruchbedingung ist nicht erfüllt **do**
  $S \leftarrow \{\mathbf{x} \in P : \alpha_{\mathbf{x}} > 0\}$.
  $\mathbf{w} \leftarrow \sum_{\mathbf{x} \in S} \chi_{\mathbf{x}}\alpha_{\mathbf{x}}\mathbf{x}$ (s. (5.15)).
  $\theta \leftarrow \frac{1}{|S|}\sum_{\mathbf{x} \in S}(\mathbf{w}^{\mathsf{T}}\mathbf{x} - \chi_{\mathbf{x}}(1 - \varepsilon^2\alpha_{\mathbf{x}}))$ (s. (5.14)).
  $\xi_{\mathbf{x}} \leftarrow \max\{0, \frac{1}{\varepsilon}(1 - \chi_{\mathbf{x}}(\mathbf{w}^{\mathsf{T}}\mathbf{x} - \theta))\}$ $\forall \mathbf{x} \in P$ (s. (5.9)).
  Wähle ein $\mathbf{x} \in P$ mit $\xi_{\mathbf{x}} \neq \varepsilon\alpha_{\mathbf{x}}$ (s. (5.13)).
  Wähle ein $\mathbf{y} \in P \setminus \{\mathbf{x}\}$, bevorzugt mit $\xi_{\mathbf{y}} \neq \varepsilon\alpha_{\mathbf{y}}$ (s. (5.13)).
  Berechne ℓ und r mittels (5.19).
  Berechne λ_0 mittels (5.20).
  Berechne λ^* mittels (5.21).
  $\alpha_{\mathbf{x}} \leftarrow \alpha_{\mathbf{x}} + \lambda^*\chi_{\mathbf{x}}$ und $\alpha_{\mathbf{y}} \leftarrow \alpha_{\mathbf{y}} - \lambda^*\chi_{\mathbf{y}}$ (s. (5.18)).
end while
Ausgabe: $\boldsymbol{\alpha}$

Für den Anfangsvektor kann man z. B. ein $\mathbf{x} \in P_{-1}$ und ein $\mathbf{y} \in P_{+1}$ wählen und dann die beiden entsprechenden Komponenten von $\boldsymbol{\alpha}_0$ gleich 1 und alle anderen Komponenten gleich 0 setzen.

Als Abbruchbedingung bietet sich neben einer überschrittenen Zeitschranke eine Unterschreitung einer vorgegebenen Schranke für die Dualitätslücke L zwischen den optimalen Werten der Zielfunktion des primalen sowie des dualen Problems an,

s. (5.16). Falls es kein $\mathbf{x} \in P$ mit $\xi_{\mathbf{x}} \neq \varepsilon \alpha_{\mathbf{x}}$ geben sollte, dann wäre man aufgrund von Lemma 5.2 b) und d) schon bei der optimalen Lösung und könnte sofort $\boldsymbol{\alpha}$ ausgeben. Das ist aber in praktischen Fällen nicht zu erwarten.

Abschließend wollen wir hier nur kurz für das gesamte Kapitel erwähnen, dass im Fall mehrerer Klassen die in den Abschn. 3.3 und 4.4 behandelten Methoden in analoger Weise verwendet werden können.

Vorwärtsgerichtete neuronale Netze

6

6.1   Unrestringierte nichtlineare Optimierung

In den Kap. 4 und 5 basierten die Klassifikatoren auf quadratischer bzw. restringiert quadratischer Optimierung. In diesem Kapitel benötigen wir Optimierungsverfahren für nichtquadratische Zielfunktionen ohne Nebenbedingungen. Deswegen behandeln wir hier die notwendigen Grundlagen.

Es sei $f : \mathbb{R}^n \to \mathbb{R}$ eine stetig differenzierbare Funktion. Ein Punkt $\mathbf{x}^* \in \mathbb{R}^n$ heißt *stationärer Punkt,* falls $\nabla f(\mathbf{x}^*) = \mathbf{0}$ gilt, falls also die notwendige Bedingung an eine Minimalstelle von f erfüllt ist, s. Satz 1.16. Aus der Analysis ist gut bekannt, dass diese Bedingung im Allgemeinen keinesfalls hinreichend ist. Es könnte sich um eine *lokale Minimalstelle* handeln, d.h., $\mathbf{x}^*$ ist nur eine Minimalstelle von f auf $\{\mathbf{x} \in \mathbb{R}^n : \|\mathbf{x} - \mathbf{x}^*\| \leq \varepsilon\}$ für ein gewisses $\varepsilon > 0$, oder es handelt sich um eine lokale Maximalstelle oder es handelt sich um gar keine Extremalstelle. Trotzdem begnügt man sich bei den folgenden Abstiegsverfahren mit der angenäherten Suche nach stationären Punkten, da man bei guter Durchführung dabei den Zielfunktionswert wenigstens verkleinert. Hat man ausreichend viel Zeit zur Verfügung, so kann man das entsprechende Verfahren mehrfach mit verschiedenen Startwerten durchführen und dann das beste Ergebnis verwenden.

Ein Vektor $\mathbf{z} \in \mathbb{R}^n$ heißt *Abstiegsrichtung* für f im Punkt $\mathbf{x}$, falls $\nabla f(\mathbf{x})^\mathsf{T} \mathbf{z} < 0$ gilt. Im Folgenden betrachten wir häufig die reelle Funktion einer Variablen

$$g_{\mathbf{x},\mathbf{z}}(\lambda) := f(\mathbf{x} + \lambda\mathbf{z}), \quad \lambda \geq 0,$$

d.h., wir verfolgen die Funktionswerte von f auf einem durch $\mathbf{x}$ und $\mathbf{z}$ gegebenen Strahl, wobei wir die Indizes $\mathbf{x}$ und $\mathbf{z}$ meist weglassen.

Lemma 6.1 *Ist* **z** *eine Abstiegsrichtung für* f *in* **x**, *so existiert ein* $\lambda_0 > 0$ *so, dass*

$$f(\mathbf{x} + \lambda \mathbf{z}) < f(\mathbf{x}) \quad \forall \lambda \in (0, \lambda_0]$$

gilt.

Beweis Angenommen, die Behauptung ist falsch. Dann gibt es eine monoton fallende Nullfolge (λ_m) so, dass für alle m

$$f(\mathbf{x} + \lambda_m \mathbf{z}) \geq f(\mathbf{x})$$

und äquivalent dazu

$$\frac{g(\lambda_m) - g(0)}{\lambda_m} \geq 0$$

gilt. Mit $m \to \infty$ erhalten wir unter Berücksichtigung von (1.4) $\nabla f(\mathbf{x})^{\mathsf{T}} \mathbf{z} = g'(0) \geq 0$, im Widerspruch zur Definition der Abstiegsrichtung. $\quad\square$

Der Parameter λ wird in diesem Zusammenhang *Schrittweite* genannt. Wir können nun schon das allgemeine Abstiegsverfahren formulieren:

Algorithmus 6.1 Allgemeines Abstiegsverfahren

Eingabe: Stetig differenzierbare Funktion f

    Wähle einen Anfangspunkt $\mathbf{x}_0$.

    $\mathbf{x} \leftarrow \mathbf{x}_0$.

    while Eine Abbruchbedingung ist nicht erfüllt **do**

        Bestimme Abstiegsrichtung $\mathbf{z}$ für f in $\mathbf{x}$.

        Bestimme Schrittweite $\lambda > 0$.

        $\mathbf{x} \leftarrow \mathbf{x} + \lambda \mathbf{z}$.

    end while

Ausgabe: $\mathbf{x}$

Als Abbruchbedingung wählt man häufig das Unterschreiten einer Schranke für die Norm des Gradienten bzw. das Überschreiten einer Zeitschranke. Für die Abstiegsrichtung kann man den negativen Gradienten wählen. Ist nämlich $\mathbf{x}$ noch kein stationärer Punkt und ist $\mathbf{z} = -\nabla f(\mathbf{x})$, so gilt $\nabla f(\mathbf{x})^{\mathsf{T}} \mathbf{z} = -\|\nabla f(\mathbf{x})\|^2 < 0$. Der Wert $\nabla f(\mathbf{x})^{\mathsf{T}} \mathbf{z}$ (also $g'(0)$ aus dem Beweis von Lemma 6.1) bietet sich für einen Vergleich von Abstiegsrichtungen an. Wird allerdings $\mathbf{z}$ mit einem positiven Faktor multipliziert, so trifft dies auch auf $\nabla f(\mathbf{x})^{\mathsf{T}} \mathbf{z}$ zu. Also ist es für einen Vergleich sinnvoll, sich auf normierte Abstiegsrichtungen zu beschränken. Aufgrund des folgenden Lemmas wird der negative Gradient (oder genauer der normierte negative Gradient) als *steilste Abstiegsrichtung* bezeichnet.

Lemma 6.2 *Es sei* $\nabla f(\mathbf{x}) \neq \mathbf{0}$ *und* $\mathbf{z}^* := -\frac{1}{\|\nabla f(\mathbf{x})\|} \nabla f(\mathbf{x})$. *Dann gilt*

$$\nabla f(\mathbf{x})^{\mathsf{T}}\mathbf{z}^* = \min\{\nabla f(\mathbf{x})^{\mathsf{T}}\mathbf{z} : \|\mathbf{z}\| = 1\}.$$

Beweis Direkt aus der Cauchy-Schwarz'schen Ungleichung (1.3) folgt für ein beliebiges $\mathbf{z}$ mit $\|\mathbf{z}\| = 1$:

$$\nabla f(\mathbf{x})^{\mathsf{T}}\mathbf{z} \geq -\|\nabla f(\mathbf{x})\|\|\mathbf{z}\| = -\frac{1}{\|\nabla f(\mathbf{x})\|}\nabla f(\mathbf{x})^{\mathsf{T}}\nabla f(\mathbf{x}) = \nabla f(\mathbf{x})^{\mathsf{T}}\mathbf{z}^*. \qquad \square$$

Im Folgenden bezeichnen wir zwei aufeinanderfolgende Iterationspunkte im Allgemeinen Abstiegsverfahren mit $\mathbf{x}$ und $\mathbf{x}' := \mathbf{x} + \lambda\mathbf{z}$. Wählt man die Schrittweite λ so, dass sie die notwendig Bedingung $g'(\lambda) = 0$ an eine lokale Minimalstelle von g erfüllt, so gilt wegen (1.4) $\nabla f(\mathbf{x}')\mathbf{z} = \nabla f(\mathbf{x}+\lambda\mathbf{z})^{\mathsf{T}}\mathbf{z} = g'(\lambda) = 0$, d. h., die verwendete Abstiegsrichtung $\mathbf{z}$ und der neue Gradient $\nabla f(\mathbf{x}')$ sind orthogonal zueinander. Wählt man also immer den steilsten Abstieg, so erzeugt das ein Zick-Zack-Verhalten, was sich ungünstig auf die Geschwindigkeit des Verfahrens auswirkt. Eine Verbesserung kann man dadurch erzielen, dass man immer als neue Abstiegsrichtung $\mathbf{z}'$ eine Linearkombination aus der alten Abstiegsrichtung $\mathbf{z}$ (Trägheitsterm, Momentum) und des neuen negativen Gradienten $-\nabla f(\mathbf{x}')$ wählt, und zwar konkret (da es nicht auf einen skalaren Faktor ankommt)

$$\mathbf{z}' := \mathbf{z} - \beta\nabla f(\mathbf{x}'). \tag{6.1}$$

Dies ist die Hauptidee des Verfahrens der konjugierten Gradienten. Ist f eine quadratische Funktion der Form (4.1) und A symmetrisch und positiv definit, so lässt sich β so berechnen, dass $\mathbf{z}'$ zur Minimalstelle von f auf dem zweidimensionalen affinen Teilraum $\{\mathbf{x}' + \lambda\mathbf{z} - \mu\nabla f(\mathbf{x}') : \lambda, \mu \in \mathbb{R}\}$ zeigt. Dies führt zu verschiedenen äquivalenten Formeln für β, die man dann auch auf nichtquadratische Funktionen anwenden kann, wobei wir hier als Beispiel nur die Formel von Polak und Ribière nennen:

$$\beta := \frac{(\nabla f(\mathbf{x}') - \nabla f(\mathbf{x}))^{\mathsf{T}}\nabla f(\mathbf{x}')}{\|\nabla f(\mathbf{x})\|^2}. \tag{6.2}$$

Bei den oben erwähnten quadratischen Funktionen bricht das ohne Rundungsfehler durchgeführte Verfahren sogar nach spätestens n Schritten bei der Minimalstelle ab (siehe z. B. [6]).

Die Wahl der Schrittweite λ basiert meist auf heuristischen Überlegungen sowie Experimenten. Leider liefert Lemma 6.1 zwar die Existenz der oberen Schranke λ_0, jedoch kein konstruktives Verfahren zur Bestimmung von λ_0. Deswegen wählt man

λ meist nur „ausreichend" klein und indirekt proportional zur Norm des Gradienten, falls man ihn nicht sowieso normiert hat. Außerdem hat es sich in der Praxis als hilfreich erwiesen, in den einzelnen Koordinaten die Schrittweite zu variieren und sie dort indirekt proportional zum Betrag der entsprechenden partiellen Ableitung zu wählen. Schließlich ist es sinnvoll, nicht nur den aktuellen Gradienten, sondern mit abnehmender Gewichtung Gradienten einzubeziehen, die in den vorhergehenden Schritten vorlagen, und zusätzlich auch noch weitere Skalierungen vorzunehmen.

Eine Kombination dieser Ideen mit der Idee des Trägheitsterms (ohne Nutzung einer genaueren Berechnung des Faktors β) findet sich im häufig bei neuronalen Netzen verwendeten *Verfahren der adaptiven Momente (Adam)*. Wirksame Verfahrensparameter müssen im Einzelfall experimentell ermittelt werden und natürlich sind auch insgesamt weitere Varianten denkbar (siehe z. B. [12, 16]), die bei entsprechenden Problemkreisen besser funktionieren könnten.

Algorithmus 6.2 Adam-Verfahren

Eingabe: Stetig differenzierbare Funktion f, kleine globale Schrittweite $\lambda > 0$, sehr kleines $\delta > 0$, ausreichend große Abnahmeraten $\alpha, \beta \in [0, 1)$

Wähle einen Anfangspunkt $\mathbf{x}_0$.

$\mathbf{x} \leftarrow \mathbf{x}_0$.

$\mathbf{z} \leftarrow \mathbf{0}$ (Initialisierung der Abstiegsrichtung).

$\mathbf{g} \leftarrow \mathbf{0}$ (Initialisierung des Gradienten-Steuervektors).

$\alpha' \leftarrow \alpha$ und $\beta' \leftarrow \beta$ (Initialisierung der Skalierungsfaktoren).

while Eine Abbruchbedingung ist nicht erfüllt **do**

$\quad \mathbf{z} \leftarrow \alpha \mathbf{z} - (1 - \alpha) \nabla f(\mathbf{x})$.

$\quad g_j \leftarrow \beta g_j + (1 - \beta) \left(\frac{\partial f(\mathbf{x})}{\partial x_j} \right)^2 \quad \forall j \in [n]$.

$\quad \alpha' \leftarrow \alpha \alpha'$ und $\beta' \leftarrow \beta \beta'$.

$\quad \mathbf{z} \leftarrow \frac{1}{1-\alpha'} \mathbf{z}$.

$\quad \mathbf{g} \leftarrow \frac{1}{1-\beta'} \mathbf{g}$.

$\quad x_j \leftarrow x_j + \frac{\lambda}{\sqrt{g_j} + \delta} z_j \quad \forall j \in [n]$.

end while

Ausgabe: $\mathbf{x}$

6.2   Propagation und Backpropagation in vorwärtsgerichteten Netzen

Ein (einfacher endlicher) *gerichteter Graph G* ist ein Paar (V, E), wobei V eine endliche Menge und E eine Teilmenge der Menge $\{(a, b) : a, b \in V$ und $a \neq b\}$ ist. Die Elemente von V heißen *Knoten* und die Elemente von E *Kanten*. Mit unserer Definition schließen wir hierbei sogenannte Schlingen der Form (a, a) aus.

Abb. 6.1 Nachfolger und
Vorgänger von Knoten

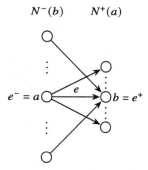

Im Allgemeinen wird statt $e = (a, b)$ kurz $e = ab$ geschrieben. Graphen können in der Ebene visualisiert werden, und zwar die Knoten durch Punkte und die Kanten durch (nicht notwendigerweise gerade) Pfeile von a nach b. Für eine Kante $e = ab$ nennt man a den *Anfangsknoten* und b den *Endknoten* und man schreibt $e^- :=$ a sowie $e^+ := b$. Der Endknoten b heißt auch *(direkter) Nachfolger* von a und der Knoten a heißt *(direkter) Vorgänger* von b. Wir setzen $N^+(a) := \{b \in V :$ $ab \in E\}$ und $N^-(b) := \{a \in V : ab \in E\}$, s. Abb. 6.1. Ein gerichteter Graph G heißt *vorwärtsgerichtet*, wenn es eine bijektive Abbildung ℓ von V auf die Menge $\{1, \dots, |V|\}$ so gibt, dass für alle $e \in E$ die Ungleichung $\ell(e^-) < \ell(e^+)$ gilt. Wir nennen ℓ hierbei eine *zulässige Nummerierung*. Kanten führen also immer von einer kleineren Nummer zu einer größeren Nummer[1].

Bei fester zulässiger Nummerierung ℓ definieren wir für beliebige Knoten a und b ihren *Abstand* durch $d(a, b) := |\ell(b) - \ell(a)|$. Wir schreiben $a \preceq b$, falls es ein $k \in \mathbb{N}$ und Knoten $v_0, \dots, v_k$ so gibt, dass $a = v_0, b = v_k$ und $v_i v_{i+1} \in E$ für alle i mit $0 \leq i \leq k - 1$ gilt. Die Relation $\preceq$ ist offenbar reflexiv, antisymmetrisch und transitiv, also eine *partielle Ordnung auf V*.

Eine Teilmenge V' von Knoten bildet ein *Anfangsstück*, wenn $\{\ell(v) : v \in V'\} =$ $\{1, \dots, |V'|\}$ gilt, und den Knoten s von G mit $\ell(s) = |V|$ nennen wir *Zielknoten* *von G*. Ein *vorwärtsgerichtetes Netz* besteht aus einem vorwärtsgerichteten Graphen G mit einer festen zulässigen Nummerierung ℓ, sodass die folgenden Bedingungen erfüllt sind:

1) Es ist ein Anfangsstück Q ausgewiesen und zwischen den Knoten aus Q gibt es keine Kanten.
2) Der Zielknoten s ist der einzige Knoten ohne Nachfolger.
3) Für jeden Knoten $v \in V \setminus Q$ ist eine Funktion $f_v : \mathbb{R}^{|N^-(v)|} \to \mathbb{R}$ gegeben.

---

[1] Ein Graph ist genau dann vorwärtsgerichtet, wenn er keine gerichteten Zyklen, also Kanten der Form $v_0 v_1, v_1 v_2, \dots, v_{k-1} v_k, v_k v_0$, enthält. Eine zulässige Nummerierung erhält man dann durch topologisches Sortieren (siehe z. B. [14]).

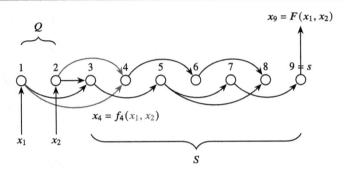

Abb. 6.2 Propagation im vorwärtsgerichteten Netz

Die Knoten aus Q heißen *Eingangsknoten*. Die Funktionen aus 3) nennen wir *Knotenfunktionen*. Zur Abkürzung[2] setzen wir $S := V \setminus Q$.

Für eine Teilmenge V' von V soll $\overrightarrow{V'}$ und $\overleftarrow{V'}$ die Anordnung der Elemente von V' in der bzw. entgegen der durch ℓ gegebenen Reihenfolge bedeuten. Im Folgenden sei jedem Knoten $v \in V$ eine Variable x_v zugeordnet. Für eine Teilmenge V' von V sei $\mathbf{x}_{V'} := (x_v)_{v \in \overrightarrow{V'}}$. Die zum Netz gehörende *Netzfunktion* ist die Funktion $F : \mathbb{R}^{|Q|} \to \mathbb{R}$, die wie folgt berechnet wird, s. Abb. 6.2:

Algorithmus 6.3 Propagation

Eingabe: Vorwärtsgerichtetes Netz und Eingangsvektor $\mathbf{x}_Q$
  for all $v \in \overrightarrow{S}$ **do**
    $x_v \leftarrow f_v(\mathbf{x}_{N^-(v)})$.
  end for
Ausgabe: $x_s (= F(\mathbf{x}_Q))$

In der Laufanweisung werden hierbei die Knoten von S mit wachsendem ℓ-Wert durchlaufen. Zu jedem Zeitpunkt sind dann offenbar auch wirklich alle benötigten x-Werte schon zur Verfügung.

Wird nur für den festen Knoten v der Wert x_v nicht durch $x_v \leftarrow f_v(\mathbf{x}_{N^-(v)})$ berechnet, sondern als variabel betrachtet, so hängen offenbar höchstens diejenigen Werte x_u von x_v ab, für die $v \leq u$ gilt. Im Folgenden setzen wir voraus, dass die Funktionen $f_v, v \in S$, stetig differenzierbar sind (später mit einigen Ausnahmestellen). Dann können wir entsprechende (partielle) Ableitungen bilden. Wir schreiben

---

[2]Die Bezeichnungen Q und S stammen aus der Theorie der Flüsse in Netzwerken. Dort bilden Q und S einen *Schnitt* und ausgezeichnete Elemente $q \in Q$ und $s \in S$ werden *Quelle* bzw. *Senke* genannt.

$\frac{dx_u}{dx_v}$, wenn wir die Ableitung von x_u als Funktion der Variablen x_v meinen. Hingegen nutzen wir für $vu \in E$ die Notation $\frac{\partial x_u}{\partial x_v}$, wenn es sich um die partielle Ableitung von f_u nach x_v handelt, also in f_u alle Variablen x_p mit $p \in N^-(u)$ frei wählbar sind. Ist beispielsweise $V = \{a, b, c\}$, $Q = \{a\}$, $E = \{ab, bc, ac\}$ sowie $f_b(x_a) = 2x_a$, $f_c(x_a, x_b) = 3x_a + 4x_b$, so gilt nach Einsetzen $x_c = 3x_a + 4(2x_a) = 11x_a$ und damit $\frac{dx_c}{dx_a} = 11$, während $\frac{\partial x_c}{\partial x_a} = \frac{\partial(3x_a + 4x_b)}{\partial x_a} = 3$ gilt. Man beachte, dass wir hier „Abkürzungskanten" der Form ac zulassen, wenn schon Kanten der Form ab und bc (oder auch mehr als zwei) vorhanden sind.

Wegen $x_u = f_u(\mathbf{x}_{N^-(u)})$ gilt nach der Kettenregel (1.17)

$$\frac{dx_u}{dx_v} = \sum_{p \in N^-(u)} \frac{\partial x_u}{\partial x_p} \frac{dx_p}{dx_v}. \tag{6.3}$$

Lemma 6.3 *Es seien $u, v \in S$. Dann gilt*

$$\frac{dx_u}{dx_v} = \begin{cases} \sum_{t \in N^+(v)} \frac{dx_u}{dx_t} \frac{\partial x_t}{\partial x_v}, & falls\ u \neq v, \\ 1, & falls\ u = v. \end{cases}$$

Beweis Ist $\ell(u) < \ell(v)$, so gilt offenbar nicht $v \leq u$ und erst recht nicht $t \leq u$ für $t \in N^+(v)$, also sind beide Seiten gleich 0. Für $\ell(u) \leq \ell(v)$ führen wir Induktion über den Parameter $k := \ell(u) - \ell(v)$. Für $k = 0$ gilt $\ell(u) = \ell(v)$, also $u = v$, und dann sind beide Seiten gleich 1. Für den Induktionsschritt von $< k$ auf k betrachten wir 2 Fälle und wenden jeweils (6.3) und die Induktionsvoraussetzung an.

1. Fall $vu \notin E$. Dann ist $v \notin N^-(u)$ und wir haben

$$\frac{dx_u}{dx_v} = \sum_{p \in N^-(u)} \frac{\partial x_u}{\partial x_p} \frac{dx_p}{dx_v} = \sum_{p \in N^-(u)} \frac{\partial x_u}{\partial x_p} \sum_{t \in N^+(v)} \frac{dx_p}{dx_t} \frac{\partial x_t}{\partial x_v}$$

$$= \sum_{t \in N^+(v)} \frac{\partial x_t}{\partial x_v} \sum_{p \in N^-(u)} \frac{\partial x_u}{\partial x_p} \frac{dx_p}{dx_t} = \sum_{t \in N^+(v)} \frac{\partial x_t}{\partial x_v} \frac{dx_u}{dx_t}.$$

2. Fall $vu \in E$. Dann ist $v \in N^-(u)$ sowie $u \in N^+(v)$ und wir haben

$$\frac{dx_u}{dx_v} = \sum_{p \in N^-(u)} \frac{\partial x_u}{\partial x_p} \frac{dx_p}{dx_v}$$

$$= \frac{\partial x_u}{\partial x_v} + \sum_{p \in N^-(u) \setminus \{v\}} \frac{\partial x_u}{\partial x_p} \sum_{t \in N^+(v)} \frac{dx_p}{dx_t} \frac{\partial x_t}{\partial x_v} \quad \left(\text{wegen } \frac{dx_v}{dx_v} = 1\right)$$

$$= \frac{\partial x_u}{\partial x_v} + \sum_{p \in N^-(u) \setminus \{v\}} \frac{\partial x_u}{\partial x_p} \sum_{t \in N^+(v) \setminus \{u\}} \frac{dx_p}{dx_t} \frac{\partial x_t}{\partial x_v} \quad \left(\text{wegen } \frac{dx_p}{dx_u} = 0\right)$$

$$= \frac{\partial x_u}{\partial x_v} + \sum_{t \in N^+(v) \setminus \{u\}} \frac{\partial x_t}{\partial x_v} \sum_{p \in N^-(u) \setminus \{v\}} \frac{\partial x_u}{\partial x_p} \frac{dx_p}{dx_t}$$

$$= \frac{\partial x_u}{\partial x_v} + \sum_{t \in N^+(v) \setminus \{u\}} \frac{\partial x_t}{\partial x_v} \sum_{p \in N^-(u)} \frac{\partial x_u}{\partial x_p} \frac{dx_p}{dx_t} \quad \left(\text{wegen } \frac{dx_v}{dx_t} = 0\right)$$

$$= \frac{\partial x_u}{\partial x_v} + \sum_{t \in N^+(v) \setminus \{u\}} \frac{\partial x_t}{\partial x_v} \frac{dx_u}{dx_t}$$

$$= \sum_{t \in N^+(v)} \frac{\partial x_t}{\partial x_v} \frac{dx_u}{dx_t} \quad \left(\text{wegen } \frac{dx_u}{dx_u} = 1\right).$$

$\square$

Aufgrund von Lemma 6.3 kann man nun durch „Rückwärtsrechnen" für alle $v \in V$ die Werte $x_v' := \frac{dx_s}{dx_v}$ berechnen:

Algorithmus 6.4 Backpropagation

Eingabe: Vorwärtsgerichtetes Netz und durch Propagation berechneter Vektor $\mathbf{x}_V$

$\quad x_s' \leftarrow 1.$

$\quad$ **for all** $v \in \overleftarrow{S \setminus \{s\}}$ **do**

$\qquad x_v' \leftarrow \sum_{t \in N^+(v)} x_t' \frac{\partial f_t(\mathbf{x}_{N^-(t)})}{\partial x_v}.$

$\quad$ **end for**

Ausgabe: $\mathbf{x}_V'$

In der Laufanweisung werden hierbei die Knoten von $S \setminus \{s\}$ mit fallendem ℓ-Wert durchlaufen. Zu jedem Zeitpunkt sind dann alle benötigten x'-Werte wirklich schon berechnet.

6.3 Parameterabhängige Knotenfunktionen

Ein *vorwärtsgerichtetes neuronales Netz (kurz VNN[3])* ist ein vorwärtsgerichtetes Netz, bei dem die Knotenfunktionen f_v zusätzlich noch von Parametern $w_v(u)$ mit $u \in N^-(v)$ abhängen dürfen. Diese müssen in noch zu beschreibendem Sinne angepasst, d. h. „gelernt" werden. Wir lassen aber zu, dass die Abhängigkeiten von einigen Parametern nur fiktiv sind, sodass man diese dann nicht zu lernen braucht. Die Parameter kann man auch als Gewicht der Kante uv interpretieren und dann statt $w_v(u)$ einfach $w(uv)$ schreiben. Auf diese Weise erhält man Knotenfunktionen der Form $f_v : \mathbb{R}^{|N^-(v)|} \times \mathbb{R}^{|N^-(v)|} \to \mathbb{R}$, bei denen die ersten $|N^-(v)|$ Variablen entspre-

---

[3]Im englischen Sprachgebrauch ist FNN für feedforward neural network gebräuchlich.

chende x-Variablen und die letzten $|N^-(v)|$ Variablen entsprechende w-Variablen
sind. In diesem und im folgenden Abschnitt seien die w-Variablen alle unabhängig
voneinander frei wählbar. Dadurch wird dann auch die zugehörige Netzfunktion eine
Funktion $F : \mathbb{R}^{|Q|} \times \mathbb{R}^{|E|} \to \mathbb{R}$, denn die Anzahl der w-Variablen beträgt $|E|$. Mit
der Bezeichnung $\mathbf{w}_{N^-(v)} := (w(pv))_{\overrightarrow{p \in N^-(v)}}$ haben wir dann in den Algorithmen
Propagation und Backpropagation überall statt $f_v(\mathbf{x}_{N^-(v)})$ nun $f_v(\mathbf{x}_{N^-(v)}, \mathbf{w}_{N^-(v)})$
stehen.

Ein sehr einfaches VNN ist das *Neuron*, dessen Struktur in Abb. 6.3 dargestellt ist,
wobei kurz $w_p := w(v_p v_{q+1})$, $x_p := x_{v_p}$, $p \in [q]$, $\theta := w(v_{q+1} v_{q+2})$ gesetzt wird
und T eine stetig differenzierbare Funktion ist. Üblicherweise wird die Berechnung
an den Knoten v_{q+1} und v_{q+2} zusammenfassend nur an einem Knoten durchgeführt,
wie z. B. beim Perzeptron in Abb. 3.3. Das Auseinanderziehen ermöglicht aber eine
einheitliche Betrachtungsweise.

Allgemein nennen wir einen Knoten v *Summationsknoten*, wenn die Knotenfunk-
tion, wie beim Knoten v_{q+1}, die Form $f_v(\mathbf{x}_{N^-(v)}, \mathbf{w}_{N^-(v)}) = \sum_{p \in N^-(v)} w(pv) x_p$
hat, und wir nennen ihn *Transferknoten*, wenn er, wie der Knoten v_{q+2}, nur einen Vor-
gänger p besitzt und die Knotenfunktion die Form $f_v(x_p, w(pv)) = T(x_p - w(pv))$
hat. Das Gewicht $w(pv)$ bezeichnet man dann auch als *Schwellwert*.

Die Funktion T nennt man *Transferfunktion*. Natürlich sind hier beliebige stetig
differenzierbare Funktionen $T : \mathbb{R} \to \mathbb{R}$ denkbar. In der Anfangsphase der VNN
wurde vor allem die *logistische Funktion* $y = \frac{1}{1+e^{-x}}$, s. Abb. 6.4, verwendet. Aktuell
ist vor allem die ReLU-Funktion $y = x_+$ beliebt. Hier ist allerdings zu beachten,
dass diese an der Stelle 0 (und nur dort) nicht stetig differenzierbar ist. In der Praxis
kann man aber als Ableitung an der Stelle 0 einfach den Mittelwert zwischen links-
und rechtsseitiger Ableitung, also $1/2$, nehmen. Will man eine solche Ausnahme
nicht zulassen, kann man auch die *Softplus-Funktion* $y = \ln(1 + e^x)$ verwenden, für
die offenbar $\lim_{|x| \to \infty} \ln(1 + e^x) - x_+ = 0$ gilt.

Im Fall der logistischen Funktion simuliert das (künstliche) Neuron die Funkti-
onsweise eines biologischen Neurons. Ein solches Neuron erhält über Verbindungen
(Axone, Dendriten, Synapsen) Signale von anderen Neuronen, die annähernd in

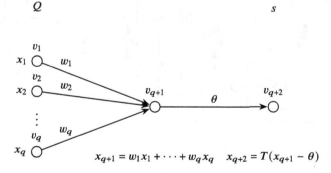

Abb. 6.3 Neuron

Abb. 6.4 Einige
Transferfunktionen

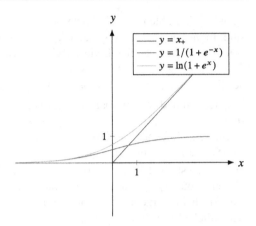

linearer Weise kombiniert werden. Das Neuron sendet aber erst dann ein weiteres Signal ab (es feuert), wenn der gesamte Eingangswert einen vom Neuron abhängigen Schwellwert überschritten hat.

Ein klassisches VNN ist das *vollständig geschichtete VNN,* das durch Abb. 6.5 dargestellt ist. Der dicke Pfeil soll hierbei illustrieren, dass alle Kanten zwischen den entsprechenden benachbarten Schichten existieren. Eine zulässige Nummerierung erhält man, indem man schichtenweise von links nach rechts durchnummeriert.

Analog zum Neuron werden häufig die benachbarten Schichten ohne dicken Pfeil, die natürlich gleich viele Knoten besitzen müssen, zu einer Schicht verschmolzen, was aber die Beschreibung der Algorithmen umfangreicher macht. Wir nennen zwei solche Schichten *gepaarte Schichten.* Die Knoten im linken Teil zweier gepaarter Schichten sind Summationsknoten und die Knoten im rechten Teil sind Transferknoten. Im Gegensatz zur üblichen Beschreibung haben wir hier den letzten Knoten s

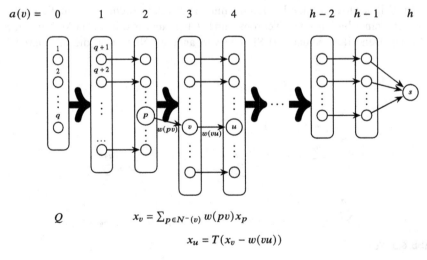

$$x_v = \sum_{p \in N^-(v)} w(pv) x_p$$

$$x_u = T(x_v - w(vu))$$

Abb. 6.5 Vollständig geschichtetes VNN

mit aufgenommen, damit wir seine Knotenfunktion f_s für die noch einzuführenden Zielfunktionen nutzen können, denn VNN benötigen zum Lernen eine Zielfunktion. Dieser Knoten spielt allerdings eine Ausnahmerolle, denn für ihn lassen wir zu, dass seine Knotenfunktion auch noch von einem Index abhängt, nämlich dem Index derjenigen Klasse, zu der der eingegebene Merkmalsvektor gehört. Dies ist auch möglich, da wir den Zielknoten für die spätere Klassifizierung, bei der der Index nicht zur Verfügung steht, nicht benötigen (s. Abschn. 6.4).

Für die Implementierung ordnet man jedem Knoten v zwei Eigenschaften $a(v)$ und $b(v)$ zu. Hierbei gibt $a(v)$ die Nummer der Schicht und $b(v)$ die Position innerhalb der Schicht an. Ist Q die Schicht mit der Nummer 0, so ist ein Knoten $v \in S \setminus \{s\}$ Summationsknoten bzw. Transferknoten, wenn $a(v)$ ungerade bzw. gerade und ungleich 0 ist. Außerdem ist genau dann $pv \in E$, wenn $a(v) = a(p) + 1$ sowie $a(v)$ ungerade oder $a(v)$ gerade und $b(p) = b(p)$ ist. Die Vorgänger und Nachfolger von Knoten lassen sich daher leicht in Listen führen (siehe z. B. [14]), die man nur ein einziges Mal zu erzeugen braucht.

Wir weisen darauf hin, dass man die x-Werte der Knoten einer Schicht mit ungerader Nummer aus den x-Werten der Knoten der vorhergehenden Schicht mithilfe einer Matrixmultiplikation berechnen kann, was aber zumindest bei Verwendung der Standardmatrixmultiplikation mit den gleichen Operationen durchgeführt wird.

Für Backpropagation (Algorithmus 6.4) benötigen wir noch die konkreten Berechnungen der partiellen Ableitungen. Offenbar gilt

$$\frac{\partial f_t(\mathbf{x}_{N^-(t)}, \mathbf{w}_{N^-(t)})}{\partial x_v} = \begin{cases} w(vt)\,, & \text{falls } t \text{ ein Summationsknoten ist}\,, \\ T'(x_v - w(vt))\,, & \text{falls } t \text{ ein Transferknoten ist}\,. \end{cases} \tag{6.4}$$

Die folgenden Beziehungen lassen sich leicht nachrechnen:

$$T'(x) = \begin{cases} T(x)(1 - T(x))\,, & \text{falls } T \text{ die logistische Funktion ist}\,, \\ \tilde{H}(x)\,, & \text{falls } T \text{ die ReLU-Funktion ist}\,, \\ 1 - e^{-T(x)}\,, & \text{falls } T \text{ die Softplus-Funktion ist}\,. \end{cases}$$

Hierbei ist $\tilde{H}(x)$ die durch $\tilde{H}(0) := 1/2$ modifizierte Heaviside'sche Sprungfunktion (3.12).

Es ist vorteilhaft, wenn T' einfach durch T ausgedrückt werden kann, denn es gilt ja $x_t = T(x_v - w(vt))$, sodass man z. B. im Fall der logistischen Funktion $T'(x_v - w(vt)) = x_t(1 - x_t)$ hat, und der Wert x_t steht durch Propagation (Algorithmus 6.3) schon zur Verfügung. Es bieten sich für T also insbesondere Lösungen von einfachen gewöhnlichen Differentialgleichungen erster Ordnung an. Im Fall der logistischen Funktion hat man eine Bernoulli'sche Differentialgleichung $y' - y = -y^2$ und im Fall der Softplus-Funktion geht $y' = 1 - e^{-y}$ nach der Substitution $z := e^y$ in die inhomogene lineare Differentialgleichung $z' - z = -1$ über.

6.4   Lernen in vorwärtsgerichteten neuronalen Netzen

Wir betrachten jetzt wieder das Klassifikationsproblem für m Klassen, das wir in den Abschn. 3.3 und 4.4 auf mehrere Zweiklassenprobleme zurückgeführt haben, was in analoger Weise auch im Kap. 5 gemacht werden kann. Die VNN bieten die Möglichkeit eines globalen Herangehens ohne Zurückführung auf den Fall zweier Klassen.

Für $\mathbf{x} \in P = P_1 \cup \cdots \cup P_m$ gebe jetzt $\chi(\mathbf{x})$ den Index derjenigen Klasse an, zu der $\mathbf{x}$ gehört, d. h., es ist $\mathbf{x} \in P_{\chi(\mathbf{x})}$. Im Unterschied zu früher sei $P \subseteq \mathbb{R}^q$ (statt $\mathbb{R}^n$), sodass wir $\mathbf{x}$ den Knoten aus Q zuweisen können, d. h., wir setzen in einem Initialisierungsschritt $\mathbf{x}_Q \leftarrow \mathbf{x}$. Wir arbeiten nur mit solchen VNN, bei denen $N^-(s)$ aus m Knoten besteht, die wir *Ausgangsknoten* nennen. Diese Knoten bezeichnen wir mit $o_1, \ldots, o_m$. Nach der Initialisierung liefert dann Propagation (Algorithmus 6.3) gewisse Werte $x_{o_i}(\mathbf{x})$. Das VNN soll möglichst so beschaffen sein, dass

$$x_{o_i}(\mathbf{x}) \approx \begin{cases} 1, & \text{falls } i = \chi(\mathbf{x}), \\ 0, & \text{sonst} \end{cases}$$

gilt, denn bei guter Approximation lässt sich dann die Klassenzugehörigkeit aus den Werten $x_{o_i}(\mathbf{x})$ ablesen. Der zu $\mathbf{x}$ gehörende *Targetvektor* $\mathbf{t}(\mathbf{x}) = (t_1(\mathbf{x}), \ldots, t_m(\mathbf{x}))^\mathsf{T}$ sei der $\chi(\mathbf{x})$-te Einheitsvektor im $\mathbb{R}^m$.

Die Güte dieser Approximation kann man z. B. mittels

$$x_s = f_s(x_{o_1}, \ldots, x_{o_m}) := \frac{1}{2} \sum_{i=1}^m (x_{o_i} - t_i(\mathbf{x}))^2 \tag{6.5}$$

bewerten, wobei die Parameter t_i im VNN nicht konstant, sondern eben von $\mathbf{x}$ abhängig sind. Je kleiner der erhaltene Wert $x_s(\mathbf{x})$ ist, desto besser ist die Approximation und 0 wäre der ideale Wert. Die Knotenfunktion von s ist nicht von weiteren w-Gewichten abhängig, allerdings, wie schon im Abschn. 6.3 erwähnt, vom Index derjenigen Klasse, zu der $\mathbf{x}$ gehört. Die Approximation soll aber nicht nur für ein einzelnes $\mathbf{x}$ gut sein, sondern für alle $\mathbf{x} \in P$. Es besteht also das Ziel, dass $\sum_{\mathbf{x} \in P} x_s(\mathbf{x})$ möglichst klein wird. Hierfür verwenden wir die noch frei wählbaren w-Gewichte. Wir fassen diese in einer festgelegten Reihenfolge zum Vektor $\mathbf{w}$ zusammen. Die Werte x_s hängen ja eigentlich nicht nur von $\mathbf{x}$ ab, sondern auch von $\mathbf{w}$, deshalb müssen wir genauer $x_s(\mathbf{x}, \mathbf{w})$ schreiben, was zur Zielfunktion

$$F(\mathbf{w}) := \sum_{\mathbf{x} \in P} x_s(\mathbf{x}, \mathbf{w}) = \frac{1}{2} \sum_{\mathbf{x} \in P} \sum_{i=1}^m (x_{o_i}(\mathbf{x}, \mathbf{w}) - t_i(\mathbf{x}))^2 \tag{6.6}$$

führt. Hierfür können wir die in Abschn. 6.1 behandelten Abstiegsverfahren verwenden, wobei hier nicht $\mathbf{x}$ der Variablenvektor ist, sondern $\mathbf{w}$. Für die Durchführung müssen wir jetzt nur noch klären, wie wir $\nabla F(\mathbf{w})$ berechnen. Natürlich ist

$\nabla F(\mathbf{w}) = \sum_{\mathbf{x} \in P} \nabla x_s(\mathbf{x}, \mathbf{w})$, sodass also die Gradienten $\nabla x_s(\mathbf{x}, \mathbf{w})$ bestimmt werden müssen.

Zunächst wollen wir noch erwähnen, dass für die in (6.5) gegebene Knotenfunktion

$$\frac{\partial f_s(x_{o_1}, \ldots, x_{o_m})}{\partial x_{o_i}} = x_{o_i} - t_i(\mathbf{x}), \quad i \in [m],$$

gilt. Mit Backpropagation (Algorithmus 6.4) haben wir für alle $\mathbf{x} \in P$ die Werte $x'_v(\mathbf{x}, \mathbf{w}) := \frac{dx_s(\mathbf{x}, \mathbf{w})}{dx_v}$, $v \in S$, zur Verfügung. Für festes $\mathbf{x}$ können wir im folgenden Lemma die Abhängigkeit von $\mathbf{x}$ weglassen. Man beachte, dass $t \in S$ gilt, wenn $vt \in E$ ist, da Kanten zwischen Knoten aus Q nicht zugelassen sind.

Lemma 6.4 *Es sei* $vt \in E$ *und* $u \in V$. *Dann gilt*

$$\frac{\partial x_u(\mathbf{w})}{\partial w(vt)} = \frac{dx_u(\mathbf{w})}{dx_t} \frac{\partial x_t(\mathbf{w})}{\partial w(vt)}.$$

Beweis Ist $\ell(u) < \ell(t)$, so ist offenbar x_u nicht von $w(vt)$ abhängig und nicht $t < u$, sodass beide Seiten gleich null sind. Für $\ell(t) \leq \ell(u)$ führen wir Induktion über den Parameter $k := \ell(u) - \ell(t)$. Für $k = 0$ gilt $\ell(t) = \ell(u)$, also $t = u$, und dann ist die Behauptung offenbar richtig. Für den Induktionsschritt von $< k$ auf k haben wir wegen Satz 1.17, (6.3) und der Induktionsvoraussetzung

$$\frac{\partial x_u(\mathbf{w})}{\partial w(vt)} = \sum_{p \in N^-(u)} \frac{\partial x_u}{\partial x_p} \frac{\partial x_p}{\partial w(vt)} = \sum_{p \in N^-(u)} \frac{\partial x_u}{\partial x_p} \frac{dx_p(\mathbf{w})}{dx_t} \frac{\partial x_t(\mathbf{w})}{\partial w(vt)}$$

$$= \frac{\partial x_t(\mathbf{w})}{\partial w(vt)} \sum_{p \in N^-(u)} \frac{\partial x_u}{\partial x_p} \frac{dx_p(\mathbf{w})}{dx_t} = \frac{\partial x_t(\mathbf{w})}{\partial w(vt)} \frac{dx_u(\mathbf{w})}{dx_t}. \qquad \square$$

Die Komponenten von $\nabla x_s(\mathbf{x}, \mathbf{w})$ können also wie folgt berechnet werden:

$$\frac{\partial x_s(\mathbf{x}, \mathbf{w})}{\partial w(vt)} = x'_t(\mathbf{x}, \mathbf{w}) \frac{\partial x_t(\mathbf{x}, \mathbf{w})}{\partial w(vt)} \left(= x'_t(\mathbf{x}, \mathbf{w}) \frac{\partial f_t(\mathbf{x}_{N^-(t)}, \mathbf{w}_{N^-(t)})}{\partial w(vt)} \right). \qquad (6.7)$$

Den zweiten Faktor können wir noch spezialisieren:

$$\frac{\partial x_t(\mathbf{x}, \mathbf{w})}{\partial w(vt)} = \begin{cases} x_v(\mathbf{x}, \mathbf{w}), \text{ falls } t \text{ ein Summationsknoten ist}, \\ -T'(x_v(\mathbf{x}, \mathbf{w}) - w(vt)), \text{ falls } t \text{ ein Transferknoten ist}. \end{cases}$$

Würde man den Gradienten tatsächlich für die Funktion (6.6) berechnen, so müssten alle Punkte aus P durchlaufen werden, was sehr viel Zeit kosten kann. Man zerlegt deswegen P in kleinere Stapel, sogenannte *Mini-Batches*, die die Klassen schon gut repräsentieren. Das kann man realisieren, indem man P gut durchmischt und dann nacheinander jeweils etwa gleich viele Punkte zieht und zu einem Stapel zusammenfasst. Man erhält eine neue Zerlegung, die wir mit $P = P^{(1)} \cup \cdots \cup P^{(g)}$ bezeichnen.

Den Gradienten berechnet man dann nur durch Summation über alle Punkte aus dem aktuellen Stapel. Man spricht deswegen auch von einem *stochastischen Gradientenverfahren*. Im Extremfall besteht jeder Stapel nur aus einem Element – dann handelt es sich um ein *Online-Verfahren*.

Zusammenfassend können wir nun den Lernalgorithmus in einem VNN mit Verwendung des steilsten Abstieges und einer konstanten Schrittweite, die wir aber noch mit der Größe der Stapel normieren, formulieren. Wir verwenden die Bezeichnung $w'(vt) := \frac{\partial F(\mathbf{w})}{\partial w(vt)}$.

Algorithmus 6.5 Lernalgorithmus in einem VNN

Eingabe: $P = P_1 \cup \cdots \cup P_m$, $P = P^{(1)} \cup \cdots \cup P^{(g)}$, passendes VNN, $\lambda > 0$
Wähle Anfangsgewichtsvektor $\mathbf{w}_0$.
$\mathbf{w} \leftarrow \mathbf{w}_0$.
while Eine Abbruchbedingung ist nicht erfüllt **do**
  for all $k \in [g]$ **do**
    for all $vt \in E$ **do**
      $w'(vt) \leftarrow 0$.
    end for
    for all $\mathbf{x} \in P^{(k)}$ **do**
      $\mathbf{x}_Q \leftarrow \mathbf{x}$.
      Berechne mittels Propagation die Werte x_v für alle $v \in S$.
      Berechne mittels Backpropagation die Werte x'_v für alle $v \in S$.
      for all $vt \in E$ **do**
        $w'(vt) \leftarrow w'(vt) + x'_t \frac{\partial f_t(\mathbf{x}_{N-(t)}, \mathbf{w}_{N-(t)})}{\partial w(vt)}$.
      end for
    end for
    for all $vt \in E$ **do**
      $w(vt) \leftarrow w(vt) - \frac{\lambda}{|P^{(k)}|} w'(vt)$.
    end for
  end for
end while
Ausgabe: $\mathbf{w}$

Als Abbruchbedingung wählt man häufig das Erreichen einer vorgegebenen Anzahl von Durchläufen der Punkte aus P bzw. das Unterschreiten einer Schranke für die Norm des Gradienten. Man kann auch ab einem gewissen Zeitpunkt nach jedem Durchlauf der Punkte aus P die Fehlerrate bei den Testdaten bestimmen (s. Abschn. 1.1) und dann abbrechen, wenn sich die Fehlerrate nicht mehr verkleinert.

Verwendet man Abstiegsverfahren mit einem Trägheitsterm wie in (6.1) und (6.2) oder sogar ein adaptives Verfahren wie das Adam-Verfahren (Algorithmus 6.2), so muss man den Lernalgorithmus natürlich entsprechend anpassen und vor allem den aktuellen Schritt für die Berechnung des nächsten Schrittes mit abspeichern.

Für das Lernen hat man in der Praxis meist viel Zeit und Rechenkapazität zur Verfügung. Das Klassifizieren, d. h. die Berechnung des Index derjenigen Klasse, zu der der gegebene Punkt gehört, muss dann aber schnell und mit möglichst wenig Aufwand durchführbar sein. Es wird wie folgt realisiert, wobei wie vorher $N^-(s) = \{o_1, \ldots, o_m\}$ sei.

Algorithmus 6.6 Klassifikation in einem gelernten VNN

Eingabe: VNN mit gelerntem Gewichtsvektor **w**, zu klassifizierender Punkt **x**
Berechne mittels Propagation die Werte x_{o_i} für alle $i \in [m]$.
$i^* \leftarrow \operatorname{argmax}\{x_{o_i} : i \in [m]\}$.
Ausgabe: i^*

Man beachte, dass man hier für den Zielknoten den Wert x_s nicht berechnen kann (und ihn auch nicht benötigt), weil eben die Klassenzugehörigkeit und damit die konkrete Knotenfunktion nicht bekannt ist.

Eine andere Variante erhält man, indem man mit den Funktionen

$$\sigma_j(x_1, \ldots, x_m) := \frac{e^{x_j}}{\sum_{i=1}^m e^{x_i}} \quad \left(= \frac{1}{1 + \sum_{i=1, i \neq j}^m e^{x_i - x_j}} \right), \quad j \in [m],$$

arbeitet, die die Komponenten der *Softmax-Funktion* sind. Offenbar sind die Komponenten nichtnegativ, sie haben die Summe 1 und es gilt

$$\lim_{c \to \infty} \sigma_j(cx_1, \ldots, cx_m) = \begin{cases} 1, & \text{falls } x_j > x_i \text{ für alle } i \in [m] \setminus \{j\}, \\ 0, & \text{falls } x_j < x_i \text{ für ein } i \in [m] \setminus \{j\}. \end{cases}$$

Mit einer gewissen Konstanten c kann man den Wert $\sigma_j(cx_{o_1}(\mathbf{x}), \ldots, cx_{o_m}(\mathbf{x}))$ als Wahrscheinlichkeit dafür interpretieren, dass **x** zur Klasse P_j gehört (obwohl es sich nicht tatsächlich um genau diese Wahrscheinlichkeit handelt).

In diesem Sinne kann man auch die Zielfunktion anpassen. Man ersetzt (6.5) bei gegebenem **x** durch

$$x_s = f_s(x_{o_1}, \ldots, x_{o_m}) := -\sigma_{\chi(\mathbf{x})}(cx_{o_1}, \ldots, cx_{o_m})$$

und muss dies dann bei den weiteren Berechnungen entsprechend einsetzen. Insbesondere nutzt man hierbei

$$\frac{\partial \sigma_j}{\partial x_k} = \begin{cases} -\sigma_j \sigma_k, & \text{falls } k \neq j, \\ \sigma_j(1 - \sigma_k), & \text{falls } k = j. \end{cases}$$

Beim Minimieren erhält man dann, dass für alle $\mathbf{x} \in P$ der Wert $x_s(\mathbf{x})$ möglichst nah an -1 kommt, sodass dann bei ausreichender Nähe $x_{o_{\chi(\mathbf{x})}} > x_{o_i}$ für alle $i \in [m] \setminus \{\chi(\mathbf{x})\}$ wird, was beim Klassifizieren gerade zum Index der richtigen Klasse führt. Die Zielfunktion gibt also approximativ die negative Anzahl der richtig klassifizierten Punkte an, und die Minimierung davon ist ja das eigentliche Ziel.

6.5   Gleichheit von Gewichten

In diesem Abschnitt benötigen wir eine sehr spezielle Form der Kettenregel für den Fall, dass Gleichheitsbedingungen für jeweilige Teilmengen von Variablen vorliegen.

Satz 6.1 *Es sei die Funktion* $f : \mathbb{R}^n \to \mathbb{R}$ *stetig differenzierbar,* $I_1 \cup \cdots \cup I_m$ *eine Zerlegung von* $[n]$*,* $\mathbf{x}(y)$ *definiert durch* $x_j(y) := y_i$*, falls* $j \in I_i$*, sowie* $g(\mathbf{y}) := f(\mathbf{x}(y))$*. Dann gilt*

$$\frac{\partial g(\mathbf{y})}{\partial y_i} = \sum_{j \in I_i} \frac{\partial f(\mathbf{x}(y))}{\partial x_j} \quad \forall i \in [m].$$

Beweis Der Beweis ergibt sich sofort aus Satz 1.17, indem man $\varphi_j(\mathbf{y}) := y_i$, falls $j \in I_i$, setzt.   □

Aus inhaltlichen Gründen, die wir im Abschn. 6.6 erläutern, ist es für wichtige Klassifikationsprobleme sinnvoll, in dem VNN die Gewichte nicht komplett unabhängig voneinander zu wählen, sondern Gleichheitsbedingungen für Teilmengen von Gewichten zu fordern. Es sei also $E_1 \cup \cdots \cup E_c$ eine Zerlegung von E. Hierbei sind auch einelementige Mengen E_i zugelassen, was in der Praxis durchaus umfangreich der Fall ist. Die Gleichheitsforderungen können wir durch Einführung neuer Variablen ω_i, $i \in [c]$, und die Festlegung $w(e) := \omega_i$, falls $e \in E_i$, beschreiben. Zu lernen sind dann nicht die bisherigen Gewichte $w(e)$, $e \in E$, sondern die neuen Gewichte ω_i, $i \in [c]$. Wir müssen daher nur die Gradientenberechnung in (6.7) modifizieren. Statt $\frac{\partial x_t(\mathbf{x},\mathbf{w})}{\partial w(vt)}$ benötigen wir $\frac{\partial x_t(\mathbf{x},\mathbf{w})}{\partial \omega_i}$. Aus Satz 6.1 ergibt sich aber sofort

$$\frac{\partial x_s(\mathbf{x},\mathbf{w})}{\partial \omega_i} = \sum_{vt \in E_i} x_t'(\mathbf{x},\mathbf{w}) \frac{\partial x_t(\mathbf{x},\mathbf{w})}{\partial w(vt)} \left(= \sum_{vt \in E_i} x_t'(\mathbf{x},\mathbf{w}) \frac{\partial f_t(\mathbf{x}_{N^-(t)}, \mathbf{w}_{N^-(t)})}{\partial w(vt)} \right),$$
(6.8)

woraus sich dann der entsprechende Lernalgorithmus ergibt:

Algorithmus 6.7 Lernalgorithmus in einem VNN mit Gleichheitsbedingungen

Eingabe: $P = P_1 \uplus \cdots \uplus P_m$, $P = P^{(1)} \uplus \cdots \uplus P^{(g)}$, passendes VNN mit $E = E_1 \uplus \cdots \uplus E_c$, $\lambda > 0$

Verknüpfe allgemein $\mathbf{w}$ mit $\boldsymbol{\omega}$ mittels $w(e) = \omega_i$, falls $e \in E_i$.

Wähle Anfangsgewichtsvektor $\boldsymbol{\omega}_0$.

$\boldsymbol{\omega} \leftarrow \boldsymbol{\omega}_0$.

while Eine Abbruchbedingung ist nicht erfüllt **do**
    for all $k \in [g]$ **do**
        for all $i \in [c]$ **do**
            $\omega_i' \leftarrow 0$.
        end for
        for all $\mathbf{x} \in P^{(k)}$ **do**
            $\mathbf{x}_Q \leftarrow \mathbf{x}$.
            Berechne mittels Propagation die Werte x_v für alle $v \in S$.
            Berechne mittels Backpropagation die Werte x_v' für alle $v \in S$.
            for all $i \in [c]$ **do**
                for all $vt \in E_i$ **do**
$$\omega_i' \leftarrow \omega_i' + x_t' \frac{\partial f_t(\mathbf{x}_{N-(t)}, \mathbf{w}_{N-(t)})}{\partial w(vt)}.$$
                end for
            end for
        end for
        for all $i \in [c]$ **do**
$$\omega_i \leftarrow \omega_i - \frac{\lambda}{|P^{(k)}|}\omega_i'.$$
        end for
    end for
end while

Ausgabe: $\boldsymbol{\omega}$ und damit auch $\mathbf{w}$

6.6   Filterbasierte neuronale Netze

Die Gleichheitsbedingung entsteht z. B. bei der Klassifikation von Zeitreihen (1-dimensional) bzw. Grauwertbildern (2-dimensional) wie folgt, wobei wir zur besseren Verständlichkeit vorrangig den 1-dimensionalen Fall behandeln, der 2-dimensionale Fall ist dann analog. Für jedes Objekt seien zu äquidistanten Zeitpunkten $t_0, \ldots, t_L$ gewisse Messwerte $x_0, \ldots, x_L$ gegeben, wobei hier L sehr groß sein kann. Neben der Hauptkomponentenanalyse gibt es natürlich auch noch andere Methoden zur Dimensionsreduktion, die z. B. auf der diskreten Fouriertransformation bzw. gewissen gefensterten Varianten davon beruhen. Insbesondere nutzt man gern Filter. Hierbei werden für jeden Index $j \in \{0, 1, \ldots, L\}$ Umgebungen $U_j := \{k \in \{0, 1, \ldots, L\} : |k - j| \leq d\}$ mit einer fest gewählten Zahl d festgelegt und mit fest vorgegebenen Koeffizienten $\omega_{-d}, \ldots, \omega_0, \ldots, \omega_d$ neue Werte y_j als Linearkombinationen der alten Werte berechnet: $y_j := \sum_{k \in U_j} \omega_{j-k} x_k$. Um dann wirklich

Abb. 6.6 Anwendung eines
Filters im Fall
$L = 6, d = 1, h = 1$

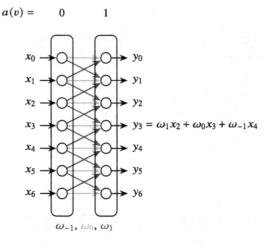

die Dimension zu reduzieren, wird das nicht für alle $j \in \{0, 1, \ldots, L\}$ durchgeführt, sondern nur mit einer gewissen Schrittweite[4] h, d. h., man betrachtet nur die Indizes $j_0, j_0 + h, \ldots, j_0 + L'h$, wobei man $L' := \lfloor L/h \rfloor$ und dann $j_0 := \lfloor (L - L'h)/2 \rfloor$ wählt[5], um eine möglichst gleichmäßige Überdeckung zu erzielen. Hier bietet sich für $j = j_0 + j'h$ die Umbenennung von y_j zu $y_{j'}$ an, wobei man in der Implementierung einfach die Zuweisung $j \leftarrow j_0 + jh$ verwenden kann. Man sagt, dass man einen linearen Filter über die Messwerte laufen lässt, und kann dies auch als Faltungsoperation beschreiben. Es ist aber nicht von vornherein klar, welchen Filter, d. h. welche Filterkoeffizienten $\omega_{-d}, \ldots, \omega_d$, man wählen sollte, um möglichst gute Klassifikationsergebnisse zu erzielen. Vor allem im 2-dimensionalen Fall, z. B. mit den Umgebungen $U_{j_1, j_2} := \{(k_1, k_2) \in \{0, 1, \ldots, L_1\} \times \{0, 1, \ldots, L_2\} : |k_1 - j_1| \le d_1, |k_2 - j_2| \le d_2\}$ und $(2d_1 + 1)(2d_2 + 1)$ Filterkoeffizienten, gibt es aus der Bildverarbeitung eine Reihe von Filtern. Die wesentliche Idee besteht nun darin, diese Filterkoeffizienten auch lernen zu lassen, also als Gewichte in einem entsprechenden VNN aufzufassen. Die Gleichheitsbedingung tritt dadurch auf, dass an jedem Punkt der gleiche Filter angewandt werden soll. Ein entsprechender Abschnitt eines VNN und Kanten mit gleichen Gewichten sind für den Fall $L = 6, d = 1, h = 1$ in Abb. 6.6 dargestellt.

Wie bei den vollständig geschichteten VNN ordnet man wieder jedem Knoten v zwei Eigenschaften $a(v)$ und $b(v)$ zu. Hierbei gibt $a(v)$ die Nummer der Schicht, also hier zunächst die Werte 0 *(Eingangsschicht)* und 1 *(Filterschicht)*, und $b(v)$ die Position innerhalb der Schicht an (im Fall von Bildern hat man noch eine weitere Eigenschaft $c(v)$ für die 2. Dimension). Es sei p ein Knoten mit $a(p) = 0, b(p) = k$ und v ein Knoten mit $a(v) = 1, b(v) = j'$ sowie $j := j_0 + j'h$. Dann ist genau dann $pv \in E$, wenn $|k - j| \le d$ ist, und es gilt $w(pv) = \omega_{j-k}$.

Weiterhin paart man ebenfalls wie bei den vollständig geschichteten VNN die Schicht mit der Nummer 1 mit einer Schicht mit der Nummer 2 *(Transferschicht)*

---

[4]In diesem Zusammenhang verwendet man meist die englische Bezeichnung *stride*.
[5]Modifikationen hinsichtlich der Behandlung der Punkte in der Nähe des Randes nennt man *padding*.

aus Transferknoten, d. h., man wendet auf die gefilterten Werte eine Transferfunktion an, üblicherweise die ReLU-Funktion. Man berechnet also Werte $z_{j'} := T(y_{j'} - \theta_{j'})$, s. Abb. 6.7.

Um dann aber die Dimension noch weiter reduzieren zu können, fasst man die so berechneten Werte $z_{j'}$ in einer Schicht mit der Nummer 3 wie folgt zusammen: Man zerlegt wieder das gegebene Intervall, diesmal $\{0, 1, \ldots, L'\}$, in gleich große Intervalle, hier der Länge h'. Man hat also Anfangspunkte $j'_0, j'_0 + h', \ldots, j'_0 + L''h$ mit $L'' := \lfloor L'/h' \rfloor$ und dann $j'_0 := \lfloor (L' - L''h')/2 \rfloor$. Wir betrachten einen solchen Anfangspunkt $\ell := j'_0 + j''h$. Die Knoten mit den $b(v)$-Werten $\ell, \ell+1, \ldots, \ell+h'-1$ werden mit einem Knoten der Schicht 3 mit dem $b(v)$-Wert j'' verbunden – am Rand verfährt man analog, nur dass es dann weniger Knoten sein können, s. Abb. 6.8. Wir nennen diesen Knoten hier kurz v. An diesem Knoten wird nun eine bisher noch nicht aufgetretene Knotenfunktion angewandt – es wird das Maximum aller Eingangswerte berechnet, wir arbeiten also in der allgemeinen Formulierung mit

$$f_v(\mathbf{x}_{N^-(v)}) := \max\{x_p : p \in N^-(v)\},$$

was dann für unsere konkrete Situation

$$\zeta_{j''} := \max\{y_\ell, y_{\ell+1}, \ldots, y_{\ell+h'-1}\}$$

bedeutet, s. Abb. 6.8. Andere Varianten, wie z. B. eine Mittelwertbildung, sind natürlich auch denkbar.

Man beachte, dass dann den Kanten pv mit $p \in N^-(v)$ keine weiteren Gewichte zugeordnet sind. Diese Art der Dimensionsreduktion nennt man *Pooling*, und die entsprechende Schicht (hier mit $a(v) = 3$) heißt dann *Poolingschicht*.

Für Backpropagation (Algorithmus 6.4) benötigen wir wieder die konkrete Berechnung der partiellen Ableitungen (s. (6.4)). Für alle $p \in N^-(v)$ gilt

$$\frac{\partial f_v(\mathbf{x}_{N^-(v)})}{\partial x_p} = \begin{cases} 1, & \text{falls } x_p = f_v(\mathbf{x}_{N^-(v)}) \text{ und } x_p > \max\{x_{p'} : p' \in N^-(v) \setminus \{p\}\}, \\ 0, & \text{falls } x_p < f_v(\mathbf{x}_{N^-(v)}). \end{cases}$$

Abb. 6.7 Anwendung der Transferfunktion im Fall $L' = 6$

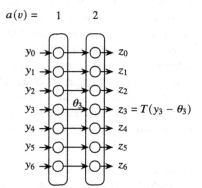

Abb. 6.8 Maximumbildung
im Fall $L' = 5, h' = 2$

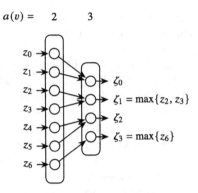

Wird das Maximum an $\kappa > 1$ Komponenten angenommen, so existiert keine partielle Ableitung nach den entsprechenden Variablen. Analog zur ReLU-Funktion kann man in der Praxis für diese Fälle dann aber mit dem Wert $1/\kappa$ für die partielle Ableitung arbeiten.

Es sind jetzt 4 Bausteine einschließlich ihrer Verbindungen untereinander beschrieben worden: Die Eingangsschicht (Q), die Filterschicht (F), die Transferschicht (T) und die Poolingschicht (P). Ein *filterbasiertes neuronales Netz*[6] besteht nun aus mehreren solchen Bausteinen, die sowohl nebeneinander als auch nacheinander angeordnet sind, weiteren zusammenfassenden Schichten sowie aus einem vollständig geschichteten VNN. Da es in der Bildanalyse unterschiedliche Filter für verschiedenartige Zielstellungen gibt, ist es hier auch sinnvoll, nicht nur mit einem Filter, sondern mit mehreren Filtern zu arbeiten. Deswegen gibt es nach der Eingangsschicht mehrere parallele Filterschichten und damit dann auch parallele Transfer- und Poolingschichten. Die Knoten in einer Poolingschicht kann man wieder als Zeitpunkte in einer Zeitreihe (bzw. als Pixel eines Bildes) interpretieren und damit jede Poolingschicht als neue Eingangsschicht auffassen und die Prozedur analog und mehrfach weiterführen. Wenn man dann aber jedes Mal wieder mit mehreren Filtern arbeiten würde, wüchse die Anzahl der Filterschichten exponentiell und auch die Dimensionsreduktion wäre nur sehr moderat. Deswegen fasst man z. B. Knoten, die zu gleichen aktuellen Zeitpunkten (bzw. Pixeln) gehören, in einer neuen Summationsschicht (Σ) durch einfache Summation der Werte, d. h. mit fiktiven Gewichten 1 zusammen, s. Abb. 6.9. Es sind natürlich auch variable Gewichte denkbar.

Welche konkreten Architekturen dieser Bausteine zu bestmöglichen Ergebnissen führen, lässt sich aus mathematischer Sicht zumindest zum jetzigen Zeitpunkt nicht herleiten. Notwendig ist hier ein ingenieurmäßiges Herangehen, das aus Erfahrungen, gewissen Suchmethoden sowie Versuch und Irrtum besteht. Ein Beispiel eines solchen filterbasierten neuronalen Netzes ist in Abb. 6.10 dargestellt. Für die Implementierung bei Zeitreihen müsste man also den Knoten v nicht nur die bisher beschriebenen Eigenschaften $a(v)$ und $b(v)$ zuordnen, sondern mithilfe weiterer Eigenschaften $c(v)$ und teilweise $d(v)$ auch noch festlegen, in welchem Filterstrang

---

[6]Im englischen Sprachgebrauch ist CNN für *convolutional neural network* gebräuchlich.

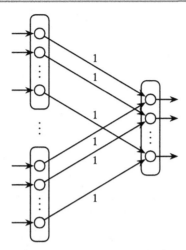

Abb. 6.9 Summation von Werten, die zu gleichen Zeitpunkten (bzw. Pixeln) gehören

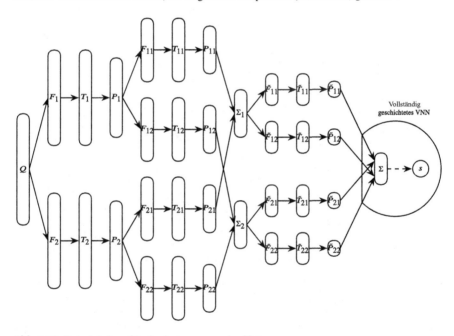

Abb. 6.10 Beispiel eines filterbasierten neuronalen Netzes

man sich befindet. Wie bei den vollständig geschichteten VNN lassen sich dann die Vorgänger und Nachfolger von Knoten leicht in Listen führen, die man nur ein einziges Mal zu erzeugen braucht.

Bei Farbbildern hat man üblicherweise für jedes Pixel 3 Farbwerte Rot, Grün, Blau (RGB), sodass man dann für jede Farbe mit ihren eigenen Eingabewerten einen oder auch mehrere eigene Filterstränge aufbauen kann.

Literatur

1. Alpaydin, E.: Maschinelles Lernen. de Gruyter, Berlin (2022)
2. Bishop, C.M.: Pattern Recognition and Machine Learning. Springer, New York (2006)
3. Boyd, S., Vandenberghe, L.: Convex Optimization. Cambridge University Press, New York (2004)
4. Choo, K., Greplova, E., Fischer, M.H., Neupert, T.: Machine Learning kompakt. Springer, Wiesbaden (2020)
5. Cristianini, N., Shawe-Taylor, J.: An Introduction to Support Vector Machines and Other Kernel-Based Learning Methods. Cambridge University Press, Cambridge (2000)
6. Deuflhard, P., Hohmann, A.: Numerische Mathematik 1. de Gruyter, Berlin (2019)
7. Duda, R.O., Hart, P.E., Stork, D.G.: Pattern Classification. Wiley, New York (2001)
8. Forster, O.: Analysis 2. Springer, Wiesbaden (2017)
9. Goodfellow, I., Bengio, Y., Courville, A.: Deep Learning. Das umfassende Handbuch: Grundlagen, aktuelle Verfahren und Algorithmen, neue Forschungsansätze. mitp, Frechen (2018)
10. Gramlich, G.M.: Lineare Algebra. Hanser, München (2021)
11. Jolliffe, I.T.: Principal Component Analysis, 2. Aufl. Springer, New York (2002)
12. Nocedal, J., Wright, S.J.: Numerical Optimization. Springer, New York (1999)
13. Rojas, R.: Theorie der neuronalen Netze. Eine systematische Einführung. Springer, Berlin (1996)
14. Sedgewick, R., Wayne, K.: Algorithmen. Pearson, Hallbergmoos (2014)
15. Sonnet, D.: Neuronale Netze kompakt. Springer Vieweg, Wiesbaden (2022)
16. Ulbrich, M., Ulbrich, S.: Nichtlineare Optimierung. Springer, Basel (2012)
17. Zhang, F.: Matrix Theory. Springer, New York (1999)
18. Zimmermann, K.H.: Das Hidden-Markov-Modell. Springer, Berlin (2022)

K. Engel, *Mathematische Grundlagen des überwachten maschinellen Lernens*,
https://doi.org/10.1007/978-3-662-68134-3

Stichwortverzeichnis

© Der/die Autor(en), exklusiv lizenziert an Springer-Verlag GmbH, DE, ein Teil von
Springer Nature 2024
K. Engel, *Mathematische Grundlagen des überwachten maschinellen Lernens*,
https://doi.org/10.1007/978-3-662-68134-3

Printed in the United States
by Baker & Taylor Publisher Services